U0195193

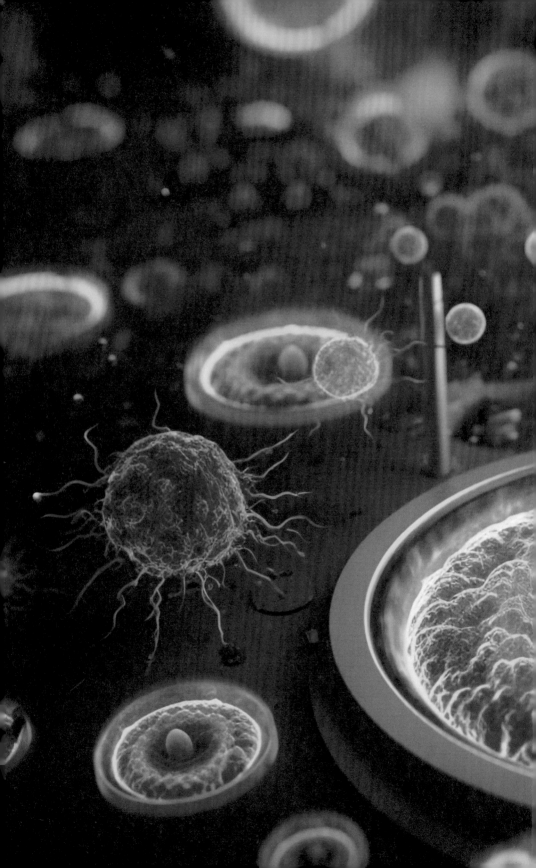

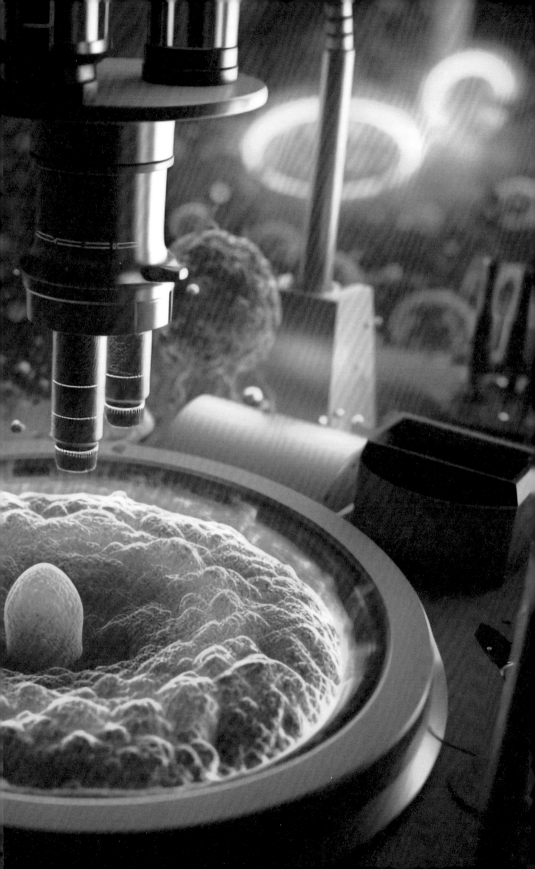

北大名师讲科普系列
编委会

北大名师讲科普系列

丛书主编　方方　马玉国

北京市科学技术协会
科普创作出版资金资助

探知无界
超级显微成像世界的
探索

陈良怡　郭长亮　编著

北京大学出版社
PEKING UNIVERSITY PRESS

图书在版编目（CIP）数据

探知无界：超级显微成像世界的探索 / 陈良怡，郭长亮编著 . -- 北京：北京大学
出版社，2025.1. --（北大名师讲科普系列）. -- ISBN 978-7-301-35436-0

Ⅰ. TH742-49

中国国家版本馆 CIP 数据核字第 20244SK351 号

书　　　　名	探知无界：超级显微成像世界的探索	
	TANZHI WUJIE：CHAOJI XIANWEI CHENGXIANG SHIJIE DE TANSUO	
著作责任者	陈良怡　郭长亮　编著	
丛 书 策 划	姚成龙　王小恺	
丛 书 主 持	李　晨　王　璠	
责 任 编 辑	张玮琪　刘嘉宁	
标 准 书 号	ISBN 978-7-301-35436-0	
出 版 发 行	北京大学出版社	
地　　　　址	北京市海淀区成府路 205 号　100871	
网　　　　址	http://www.pup.en　　新浪微博：@ 北京大学出版社	
电 子 邮 箱	编辑部 zyjy@ pup.cn　总编室 zpup@ pup.cn	
电　　　　话	邮购部 010-62752015　发行部 010-62750672　编辑部 010-62704142	
印 　刷　 者	北京九天鸿程印刷有限责任公司	
经 　销　 者	新华书店	
	787mm × 1092mm　16 开本　7.5 印张　72 千字	
	2025 年 1 月第 1 版　2025 年 1 月第 1 次印刷	
定　　　　价	48.00 元	

总　序

龚旗煌

（北京大学校长，北京市科协副主席，中国科学院院士）

　　科学普及（以下简称"科普"）是实现创新发展的重要基础性工作。党的十八大以来，习近平总书记高度重视科普工作，多次在不同场合强调"要广泛开展科学普及活动，形成热爱科学、崇尚科学的社会氛围，提高全民族科学素质""要把科学普及放在与科技创新同等重要的位置"，这些重要论述为我们做好新时代科普工作指明了前进方向、提供了根本遵循。当前，我们正在以中国式现代化全面推进强国建设、民族复兴伟业，更需要加强科普工作，为建设世界科技强国筑牢基础。

　　做好科普工作需要全社会的共同努力，特别是高校和科研机构教学资源丰富、科研设施完善，是开展科普工作的主力军。作为国内一流的高水平研究型大学，北京大学在开展科普工作方面具有得天独厚的条件和优势。一是学科种类齐全，北京大学拥有哲学、法学、政治学、数学、物理学、化学、生物学等多个国家重点学科和世界一流学科。二是研究领域全面，学校的教学和研究涵盖了从基础科学到应用科学，从人文社会科学到自然科学、工程技术的广泛领域，形成了综合性、多元化的布局。三是科研实力雄厚，学校拥有一批高水平的科研机构和创新平台，包括国家重点实验室、国家工程研究中心等，为师生提供了广阔的科研空间和丰富的实践机会。

多年来，北京大学搭建了多项科普体验平台，定期面向公众开展科普教育活动，引导全民"学科学、爱科学、用科学"，在提高公众科学文化素质等方面做出了重要贡献。2021年秋季学期，在教育部支持下北京大学启动了"亚洲青少年交流计划"项目，来自中日两国的中学生共同参与线上课堂，相互学习、共同探讨。项目开展期间，两国中学生跟随北大教授们学习有关机器人技术、地球科学、气候变化、分子医学、化学、自然保护、考古学、天文学、心理学及东西方艺术等方面的知识与技能，探索相关学科前沿的研究课题，培养了学生跨学科思维与科学家精神，激发学生对科学研究的兴趣与热情。

"北大名师讲科普系列"缘起于"亚洲青少年交流计划"的科普课程，该系列课程借助北京大学附属中学开设的大中贯通课程得到进一步完善，最后浓缩为这套散发着油墨清香的科普丛书，并顺利入选北京市科学技术协会2024年科普创作出版资金资助项目。这套科普丛书汇聚了北京大学多个院系老师们的心血。通过阅读本套科普丛书，青少年读者可以探索机器人的奥秘、环境气候的变迁原因、显微镜的奇妙、人与自然的和谐共生之道，领略火山的壮观、宇宙的浩瀚、生命中的化学反应，等等。同时，这套科普丛书还融入了人文艺术的元素，使读者们有机会感受不同国家文化与艺术的魅力、云冈石窟的壮丽之美，从心理学角度探索青少年期这一充满挑战和无限希望的特殊阶段。

这套科普丛书也是我们加强科普与科研结合，助力加快形成全社会共同参与的大科普格局的一次尝试。我们希望这套科普丛书能为青少年读者提供一个"预见未来"的机会，增强他们对科普内容的热情与兴趣，增进其对科学工作的向往，点燃他们当科学家的梦想，让更多的优秀人才竞相涌现，进一步夯实加快实现高水平科技自立自强的根基。

目 录 CONTENTS

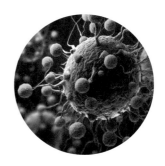

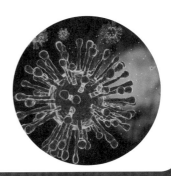

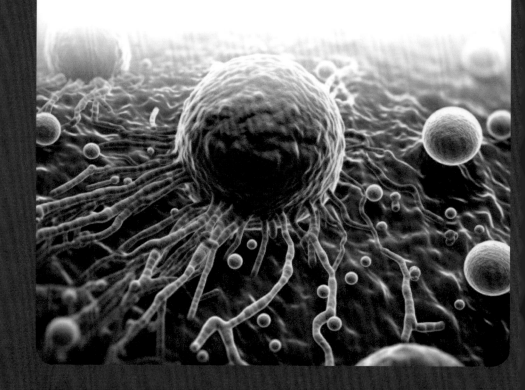

导 语

　　本课程为"超级显微成像世界的探索"，旨在向大家介绍显微成像技术的应用，分辨率的重要性，以及如何突破分辨率的极限。我们团队通过融合各个学科的知识，致力于解决"如何看得更清楚"的问题；致力于运用数学方法，提高图像分辨率，使大家能够更清晰地观察活细胞中的细节。

　　本课程将带领大家深入探索我们团队的研究领域，揭示显微成像技术的历史发展，以及如何在前人的研究基础上，通过创新的方法提高分辨率。尽管同学们在学校里学习的是一系列不同的学科，但当将其应用于解决现实生活问题时，学科之间的边界并不存在。不同领域的知识相互交融，只有全面理解并融会贯通，同学们才能从根本上解决问题中的关键难点。这也是本课程希望向同学们传达的主要内容。课程分为三讲，第一讲将介绍显微成像领域最基本的概念。通过显微成像技术，同学们可以欣赏生命本身所呈现出来的美，了解显微成像如何使视野更加清晰，观察到生命起源的奥秘以及疾病的演变过程。第二讲将探讨显微成像技术的发展历程，并探究如何定义分辨率以及如何提高分辨率。第三讲将探讨如何通过荧光显微成像技术与数学的结合，在活细胞中进一步提高物体的可见度，以及这项工作如何帮助同学们理解显微成像和物体成像的数学原理。

　　本课程通过我们团队的研究实例，展示了跨学科融合在显微成像领域中对突破分辨率的关键作用。提高分辨率的最终目标是揭示疾病发生和发展的机制，以便人类能够找到干预和治疗疾病的药物，从而改善患者的健康状况，延长生命质量，推动相关科学的进步。

感兴趣的读者可扫描二维码
观看本课程视频节选

探索显微成像的意义

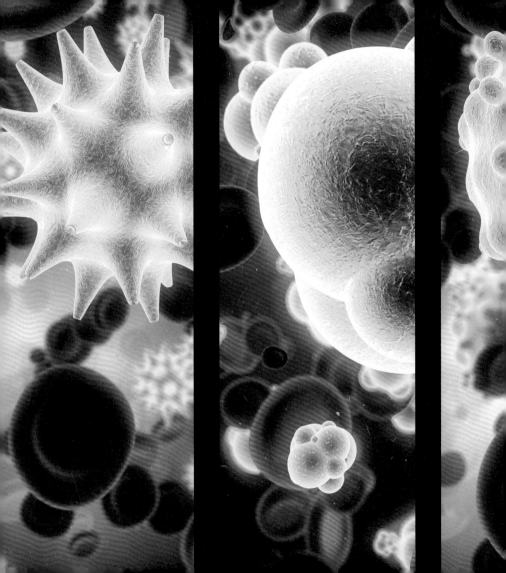

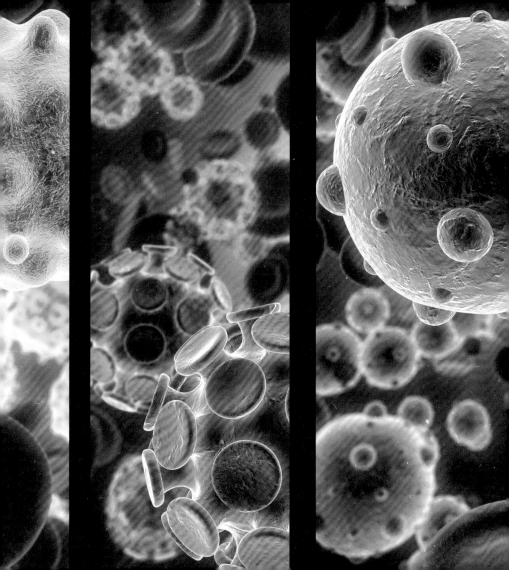

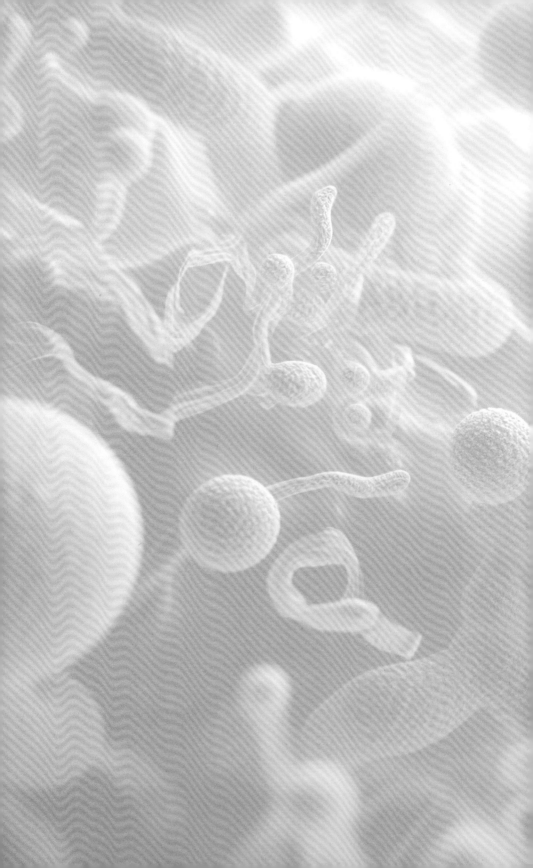

本讲将带领同学们直观感受荧光显微成像技术的魅力，了解通过荧光显微成像技术，我们能够观察到什么样的现象，这些现象又有着怎样的意义。

⦙⦙⦙ 一、显微成像

与一般显微成像技术不同，荧光显微成像是将荧光蛋白标记在细胞内的不同分子上。当它们受到激发后，这些荧光分子会发出不同波长的光线，从而给细胞内分子标记不同的颜色。下图展示了各种荧光显微镜拍摄到的细胞内图像。

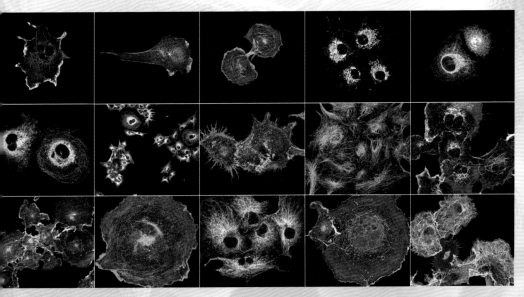

荧光显微镜拍摄到的细胞内图像

一方面，我们可以通过上图中的图像观察到细胞内非常有趣且有时排列非常规则的结构；另一方面，这些规则的结构往往与许多艺术作品十分相似。因此，我们可以说荧光显微成像技术是科学与艺术相结合的技术。

以下图为例，如果不仔细观察，大家可能认为这只是一个普通的中国结，但是如果再仔细看一下，就会发现左侧图像中间部分实际上是一个 COS–7 活细胞。我们使用红色荧光蛋白标记了这个细胞内精细的**肌动蛋白（Actin）**结构，也就是**细胞骨架**的一部分，并将图像的背景调成白色，随后在下方添加了吊穗的装饰。你会发现它确实像一个中国结的样式，但实际上这个结构的核心是一个 COS-7 活细胞，它的内部有着像蜂窝一样的密集骨架结构。

荧光显微镜拍摄的 COS-7 活细胞肌动蛋白结构经艺术加工后与中国结的对比

知识链接

1. COS-7 活细胞来源于非洲绿猴肾的成纤维细胞并经 SV40 病毒基因转化的细胞系。

2. 肌动蛋白是真核细胞中含量丰富，构成肌动蛋白丝的一种蛋白质。它以单体和多聚体两种形式存在。

3. 细胞骨架是由蛋白质纤维组成的网架结构，维持着细胞的形态，锚定各个细胞器的位置，与细胞运动、分裂、分化以及物质运输、能量转化、信息传递等生命活动密切相关。

组成细胞骨架的三类蛋白质纤维是微管、微丝和中间纤维系统。微管由微管蛋白构成，主要用于维持细胞形状，参与细胞运动、细胞分裂等过程中染色体的移动，以及细胞器和生物大分子的运送。微丝由肌动蛋白构成，用于维持或改变细胞形状，参与肌肉收缩、胞质环流、细胞运动和细胞分裂等生命过程。中间纤维系统的构成蛋白有多种，常见的有角蛋白、核纤层蛋白等，用于维持细胞形状，固定细胞核和细胞器，参与核纤层的形成。

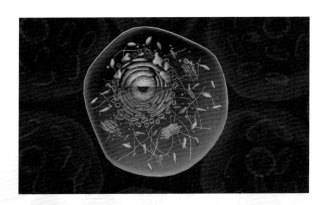

通常我们会将显微镜与天文学中的望远镜进行比较，以展示不同尺度上的对比。望远镜可以观察到银河系中无数的星体，一次观察数量就能高达数十亿。与这个复杂的庞大星体系统相比，我们可以用新生儿大脑中的数十亿个神经元作为对比，如下页图所示。通过这个例子我们看到了一个非常有趣的类比关系。图（a）展示了望远镜观察到的银河系星体，而图（b）则展示了新生儿出生时的大脑神经元。这两幅图的尺度相差约 10^{10} 或 10^{20} 个数量级，但它们在人眼观察尺度下却看起来非常相似。新生儿大脑中的数十亿个神经元就像望远镜观察到的银河系中的数十亿个星体一样。

（a）银河系星体

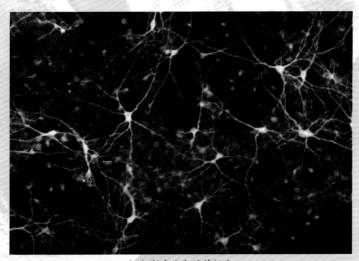

（b）新生儿大脑神经元

望远镜观察到的银河系星体和新生儿大脑神经元对比

　　下图展示了拍摄到的 COS-7 活细胞中的图像。左侧图像是 COS-7 活细胞中的微管 EB3 蛋白，它看起来像一朵绿色的礼花，而蓝色的部分是该细胞的细胞核；右侧图像是 COS-7 活细胞的细胞骨架，包括直微管和弯曲微管。我们用红色荧光蛋白标记了细胞骨架中的直微管，用绿色荧光蛋白标记了骨架和骨架接头位置的弯曲微管。因此，你会看到红色的直微管和绿色的弯曲微管相互交织，形成一个非常有趣的结构。就像在建造房子时，除了使用直立的梁柱，还需要连接件一样，在活细胞中也存在这样的情况。这些弯曲微管就扮演着连接件的角色，将细胞的骨架和接头位置紧密地连接在一起。

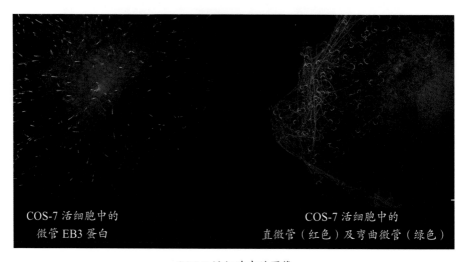

COS-7 活细胞中的
微管 EB3 蛋白

COS-7 活细胞中的
直微管（红色）及弯曲微管（绿色）

COS-7 活细胞中的图像

　　生命科学和医学研究往往是联系在一起的。以个人之见，我认为二者研究的根本目的是更好地了解人类自身。为什么这样说呢？因为我们进行研究的根本目标是希望人类过上更好、更健康的生活。要实现这一目标，就需要清晰地了解不同尺度下人体内的生命活动过程。换句话说，我们研究的目的是什么？我们希望更加清楚地了解生命活动的过程和疾病产生的原因，而这正是显微成像技术的必要性所在。

　　以细胞分裂过程为例，如二维码中视频所示。细胞是生命活动的基本单元，一个细胞分裂成两个细胞，这代表着最基本的生命活动——细胞分裂。利用显微成像技术，我们可以同时观察视频中左侧、中间、右侧三个不同尺度下细胞内的细胞器。我们可以看到那些特别密集的细胞核，随后变成染色体，还有像小虫子一样的线粒体。那些特别亮的结构是储存能量的脂滴。微暗且较大的结构是细胞内的**溶酶体**，相当于细胞的垃圾站。

细胞分裂

![知识链接]

知识链接

溶酶体是真核细胞中为单层膜所包围的细胞质结构。内部pH 4～5，含丰富的水解酶，具有细胞内的消化功能。新形成的初级溶酶体经过与多种其他结构反复融合，形成具有多种形态的有膜小泡，并对包裹在其中的分子进行消化。

在细胞分裂过程中，不仅需要完成遗传物质的复制，还需要解决两个新细胞之间的细胞器分配问题，比如线粒体各分配多少，是不是平均分配，如果没有平均分配，将会产生什么影响。通过这项技术，我们可以看到一些最基本的生命活动的衍生意义。

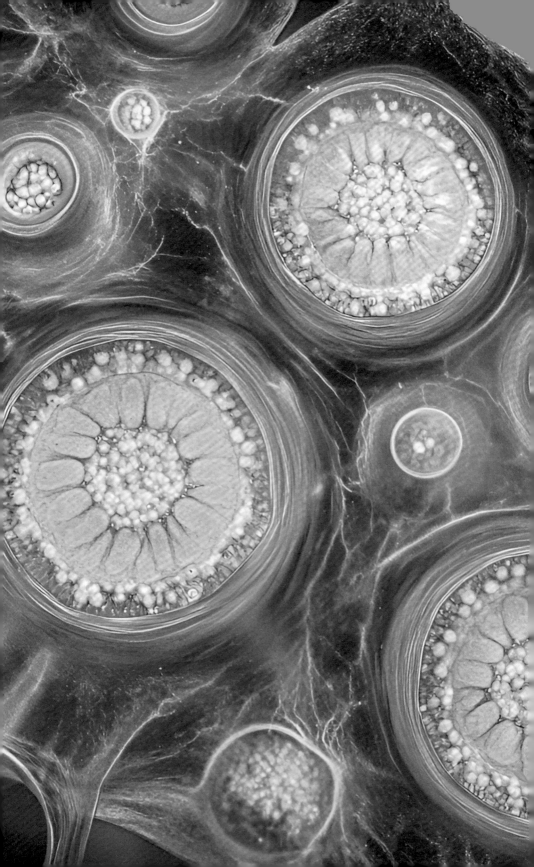

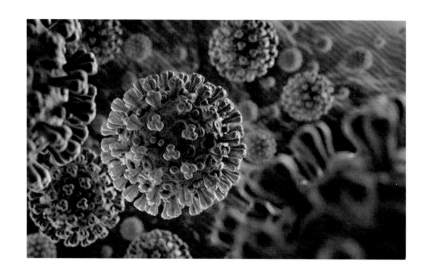

　　之所以特别关心在活细胞里能够看到的事物，是因为只有在活细胞中，我们才能知道生命活动发生的顺序。以 COVID-19 病毒为例，大家都知道它的传染性很强。如果用电子显微镜（电镜）来观察，当然可以看得很清楚。但电镜只能显示静态的图像，我们只能确认病毒是否进入了细胞内部。然而，在活细胞中，我们可以观察到更多的信息。

　　利用荧光显微成像技术，可以观察到 COVID-19 假病毒进入细胞的过程，如下页图所示。我们用绿色荧光蛋白标记了 HEK293 活细胞的细胞膜，用红色荧光蛋白标记了 COVID-19 假病毒。通过放大观察该细胞，可以看到红色假病毒与绿色细胞膜接触的过程，以及假病毒最终进入细胞的过程，并计算它们在细胞膜上停留的时间。

电镜成像：静态图像，可以看到病毒的冠状结构，

活细胞超分辨成像：动态成像实时观测，特异性标记，可以观察病毒入侵细胞的全过程

动态→作用→时空定位：由此确认抗病毒药物的作用效果，了解药物作用在哪个位置、哪个阶段。

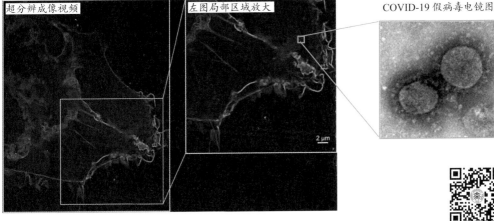

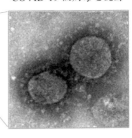

COVID-19 假病毒进入细胞的过程

COVID-19 假病毒电镜图

假病毒进入
细胞

知识链接

假病毒通常指的是一种特殊类型的病毒载体或伪病毒，它们在研究病毒进入细胞的机制或开发疫苗时非常有用。上文的假病毒只表达了 COVID-19 病毒囊膜和刺突 S 蛋白，其内部不含有该病毒的基因组。

因此，我们可以将病毒进入细胞的过程扩展，大致分为三个步骤：

（1）病毒与细胞膜结合的过程；

（2）病毒停留在细胞膜上的过程；

（3）病毒进入细胞的过程。

通过这种观察，我们不仅能了解病毒进入细胞的具体过程，还能知道病毒发生突变后对上述哪个步骤产生了影响。当使用药物来对抗病毒时，我们也能够精确地知道药物作用在哪个步骤上——是阻止病毒与细胞膜结合，还是影响它停留在细胞膜上的时间，又或者是干扰它最终进入细胞的过程。

 **延伸阅读**

病毒感染宿主包括五步。

第一步，吸附。病毒首先会吸附在宿主细胞表面。

第二步，穿入。吸附后，病毒通过不同的机制进入宿主细胞。

第三步，脱壳。进入细胞后，病毒脱去其蛋白质衣壳，释放出核酸（DNA 或 RNA）。

第四步，生物合成。病毒的核酸在细胞内被释放后，利用宿主细胞内的原材料进行复制，随后合成病毒繁殖所需的蛋白质。

第五步，装配与释放。新合成的病毒核酸和蛋白质在宿主细胞内组装成完整的病毒颗粒，这些成熟的病毒颗粒通过胞吐或出芽等方式，最终从宿主细胞释放出来，进入细胞外环境，感染宿主其他的细胞。

接下来，我们使用了微型化双光子显微镜来研究与小鼠社交相关的神经元以及孤独症发生的变化机制。这个实验场景非常有趣，如下页图所示。在一个长方形的空间中，左上角和右下角各有一个笼子，我们把小鼠放在斜对角线的中点。实验分为三个阶段。第一阶段，左上角和右下角的笼子都是空的；第二阶段，左上角的笼子是空的，在右下角的笼子中放入一个玩具；第三阶段，在左上角的笼子中放入一只老鼠，在右下角的笼子中放入一个玩具。研究每一个阶段小鼠的社交行为并总结规律。

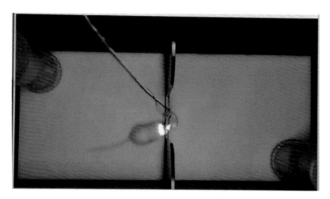

研究与小鼠社交相关神经元以及孤独症发生变化机制的实验场景

 知识链接

　　双光子显微镜结合了双光子吸收和激光扫描技术，其基本原理是，在高光子密度下，荧光分子可以同时吸收两个近红外波长的光子而发射出一个短波长的光子，此时与使用一个波长为该近红外波长一半的光子去激发荧光分子表现出相同的效果。

　　双光子激发过程已经可以很好地应用于产生局部化学反应，甚至可以对几乎透明的组织（如皮肤细胞）作高分辨成像。

通过这个实验，我们可以判断小鼠在哪个地方停留的时间最长，它更倾向于待在哪个地方。正如我们所知，人类是社会性动物，当有人一起时，大家通常会进行交谈。老鼠也是如此，如果旁边有另一只老鼠，它会更倾向于在有老鼠的一侧停留更长时间。这就是所谓的社交过程。

一方面，我们可以观察小鼠在空间中活动的过程，以及它如何与左上角的老鼠进行社交；另一方面，我们可以使用体积小巧的微型化双光子显微镜，将其直接植入在小鼠头的内部，通过研究观察控制小鼠社交的脑区中的神经元是如何被激活的。将这两者结合起来，可以研究那些存在社交缺陷的小鼠，我们想知道为什么这些小鼠会有社交缺陷，哪些神经元控制了它们的社交行为。研究发现，一种名为 MeCP2 的基因突变会造成小鼠出现社交障碍。通过将这些研究成果结合在一起，我们就能够研究这种疾病发生的机制。

知识链接

MeCP2 是神经系统发育障碍疾病致病基因之一，对哺乳动物的学习记忆能力有着重要的影响。

　　进一步扩展到脑科学研究领域中，探索大脑内部结构的大科学计划正在全球，包括在美国、日本和中国等国家流行。生物脑的智能，在某种程度上，比当前流行的人工智能更加强大。为了深入研究生物脑，我们首先需要对它的结构有清晰的认知，并将其结构与功能相互对应。以斑马鱼大脑结构的研究为例，通过荧光显微成像技术，我们观察到斑马鱼大脑中数十万计的神经元，这些神经元被绿色荧光蛋白标记。为了进一步将斑马鱼大脑结构和功能相匹配，我们使用了钙离子荧光探针标记它

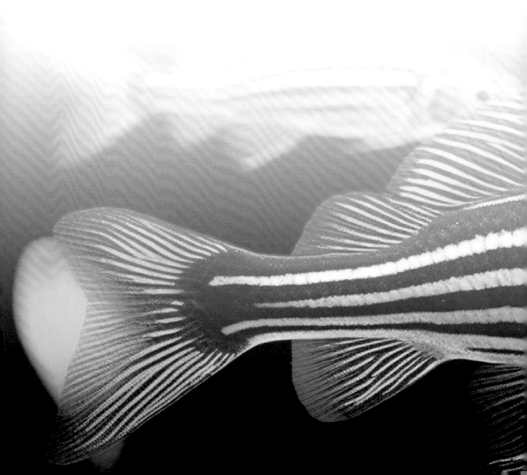

的神经元，当神经元活动时，细胞内的荧光就会亮起，如二维
码中的视频所示。我们把斑马鱼大脑里所有神经元的活动都记
录下来，经过图像处理，这些神经元的活动数据被抽象化，形
成了一个斑马鱼大脑的模型，如二维码中的视频所示。在这个
模型中，我们可以看到在光刺激或电刺激下，哪些神经元被激
活，以及这些神经元之间的关联。从而，使我们能深入研究斑
马鱼的学习、记忆等过程。

神经元

大脑模型

延伸阅读

1. 2021 年，科技部发布了《科技创新 2030——"脑科学与类脑研究"重大项目 2021 年度项目申报指南》，外界称之为"中国脑计划"。"中国脑计划"可以概括为两个研究方向，分别是以探索大脑秘密、攻克大脑疾病为导向的脑科学研究以及以建立和发展人工智能技术为导向的类脑研究。相较其他国家的"脑计划"，如美国 BRAIN 计划（美国脑计划）、欧洲 HBP 计划（欧洲人脑计划）、日本 Brain/MINDS 计划（日本大脑研究计划）等，中国脑计划在学科体系构建、科学目标设置、项目组织实施、产业化方向上走出了自己的特色。

2. 钙离子荧光探针是目前发展最为迅速的一类钙离子检测方法，用以检测细胞或组织内钙离子的浓度及分布。

3. 神经元作为神经系统结构与功能的基本单位，由胞体、树突和轴突等部分构成。胞体是神经元的主体部分，包含细胞膜、细胞质和细胞核，是神经元代谢和营养的中心。树突是胞体向外延伸的短而粗的突起，主要负责接收来自其他神经元的信号。轴突是胞体向外延伸的长而细的突起，负责将信号从胞体传递至其他神经元、肌肉或腺体。轴突外表的髓鞘构成神经纤维，多条神经纤维集结成束，外裹包膜，形成一条神经。树突和轴突末端的神经末梢则分布在全身各处，负责接收和传递信号。

⠿ 二、"看得更清楚"的重要性

了解上述内容后，可能有些同学会说："我以后也不学生物，你讲的这些和我有什么关系？"实际上，"看得更清楚"与我们每个人都密切相关，因为它有可能探究出疾病发生的机制。大家可能听说过医院里有一个科室叫病理科，病理科是生命科学基础研究和临床研究之间的桥梁。病理科使用的工具中最常见的就是显微镜，实际上，医院里用于观察病理结构的显微镜大多是使用早期专利生产的，无论是技术还是工艺都有非常大的局限性。具体表现在分辨率低、包含信息少、无法观察动态过程、无法揭示分子机制等方面。

我们团队在 2018 年成功研发出海森结构光超分辨显微镜，在这之后我们就开始思考，这一技术能否提供更高的分辨率，能否为医生诊断疾病的发病机制或进行药物筛选提供实质性的帮助。

基于这一考虑，我们与北京大学第一医院开展了深入的合作。在众多疾病中，有一种髓鞘化低下性脑白质营养不良的疾病，是一种罕见病，俗称佩梅病。在我国大约有两万人患有此病，遗憾的是，目前临床上尚无治疗该疾病的有效药物，患者往往只能接受安慰疗法。

　　随着研究的进行，我们对该病的病因已经有了较为深入的了解。髓鞘相当于电线绝缘层，它确保神经信号能够快速地、准确地从一个位置传递到另一个位置。而对于佩梅病患者而言，由于髓鞘的功能受损，导致其神经信号传递出现障碍，类似于电路出现"漏电"现象。这种信号传递的异常，直接导致了该病患者出现了运动障碍、语言功能受损等一系列临床表现。该病的特征在核磁共振影像（MRI）中表现得尤为明显。正常人头颅和佩梅病患者头颅的 MRI 对比如下图所示，第一行三幅图

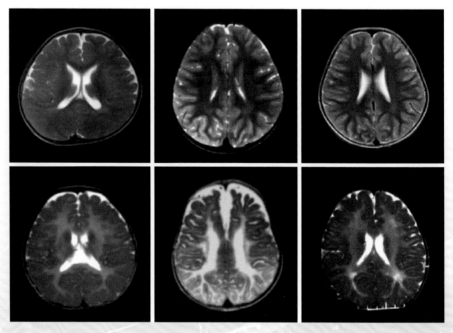

正常人头颅和佩梅病患者头颅的 MRI 对比

像为正常人头颅的 MRI，第二行三幅图像为佩梅病患者头颅的 MRI。从图中可以看出，正常人的 MRI 呈现出清晰的黑白对比，其中，黑色区域代表髓鞘，而白色区域则对应神经元。然而，在佩梅病患者的 MRI 中，原本髓鞘区域应为黑色却异常地转变为白色，这一显著的色彩变化无疑揭示了该病的存在和对该病患者神经结构的影响。

髓鞘，是由一种少突胶质细胞形成的管状外膜。在临床研究中，已经揭示了少突胶质细胞在佩梅病患者中存在的一个关键问题，即它细胞膜上的四次跨膜蛋白——PLP1 蛋白有不同程度的突变。这些不同的突变形式均可能导致该病的发生。在临床医学中，这些佩梅病患者根据其临床症状的严重程度被划分为不同的等级，其中最严重的患者可能无法存活至 10 岁，而症状较轻的患者则可能存活到 30 岁至 40 岁。这引发了医学界的深入思考：为何同一种蛋白的突变会造成如此显著的表型差异。

知识链接

神经胶质细胞广泛分布于各个神经元之间，其数量为神经元数量的 10 ～ 50 倍，是对神经元起辅助作用的细胞，具有支持、保护、营养和修复神经元等多种功能。在外周神经系统中，神经胶质细胞参与构成神经纤维表面的髓鞘。神经元与神经胶质细胞一起，共同完成神经系统的调节功能。

　　随着合作的进行，我们提取了病人样本中在少突胶质细胞上的各种突变蛋白，进而观察这些突变蛋白在细胞内的定位情况。这一研究旨在通过"看图说话"的方式，直接揭示突变蛋白的定位规律及该定位规律与佩梅病严重性的潜在关联。在研究中，我们发现其中四种与最严重病情相对应的、形状相似的突变蛋白，在细胞内主要定位于内质网（负责蛋白质合成的重要细胞器）。而另一些突变蛋白，引发病情的严重程度处于中间等级，在内质网或高尔基体（负责蛋白质加工和转运的细胞器）之间呈现不同程度的分布。还有一种突变蛋白几乎全部定位于高尔基体及其囊泡中，它引发病情的严重程度处于最轻微等级。

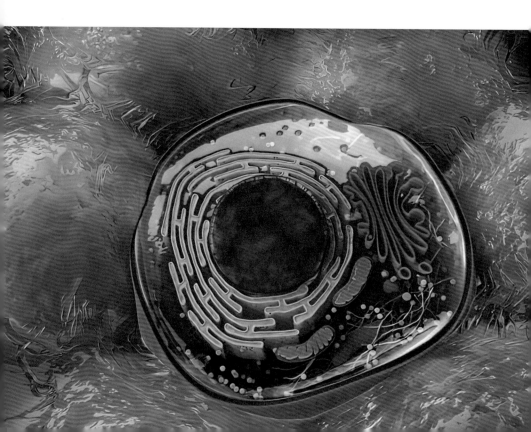

这一亚细胞水平上的超分辨成像结果，不仅为我们提供了关于突变蛋白定位分布的重要信息，更与佩梅病患者的发病进程和临床表现紧密对应。例如，该病患者的语言能力、行动能力等都与这些突变蛋白在细胞内的定位变化有着显著的关联。除了揭示突变蛋白定位与病情的关系外，这一研究还为我们提供了潜在的治疗方向。通过对比加药与未加药的细胞图像，我们发现胆固醇和姜黄素这两种临床常用药物，能够显著改变突变蛋白在细胞内的定位分布，从而改善其表型，从最严重的类型转变为较轻的类型。这一发现为佩梅病的治疗提供了新的可能性，并可能为该病患者延长生存期 5 ~ 10 年。

从临床角度看，佩梅病是一个极其棘手的难题，甚至被认为是无药可治的。然而，如果我们深入学习生物学，就会发现佩梅病的机制其实涉及细胞生物学中的一个基本概念，即蛋白质最初在内质网中合成，随后在高尔基体中分选，最终通过囊泡转运至细胞膜上。具体而言，佩梅病中不同的基因突变会导致蛋白转运过程异常，使蛋白最终停留在不同细胞器中，这种差异对应着临床上不同程度的表型。因此，佩梅病这一临床难题实质上可以转化为一个经典的基础生物学问题进行研究。通过超分辨成像技术，我们为这一无药可治的疾病找到了一种可能的治疗途径。如果这种方法能够得到更广泛的应用和推广，它可能会对许多疾病患者产生巨大的帮助。病理学的目标是解决疾病如何发生的问题，因此，现代病理学是医学领域中发展最迅速的学科之一。它需要不断地应用生物学或其他领域中的最新技术。因此，我们提倡超分辨病理学也能被纳入临床实践中，为更多的疾病患者带来福音。

知识链接

病理学是人类在探索和认识自身疾病的过程中应运而生的，它的发展必然受到人类认识自然能力的制约。现代以来，随着免疫学、细胞生物学、分子生物学、细胞遗传学的进展，以及免疫组织化学、流式细胞术、图像分析技术和分子生物学等理论和技术的应用，传统病理学获得了极大的发展。

想一想

PLP1 蛋白在哪里合成？如何运输到细胞膜上？

扫描二维码
查看答案

显微成像技术的发展

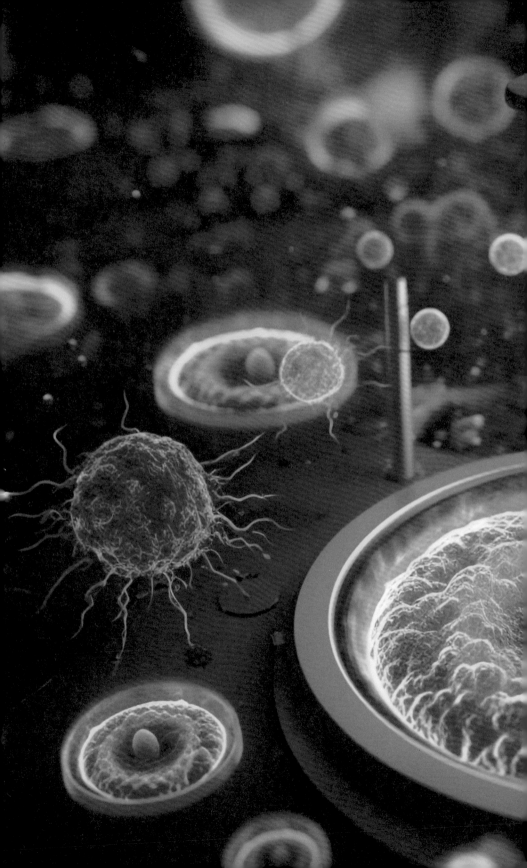

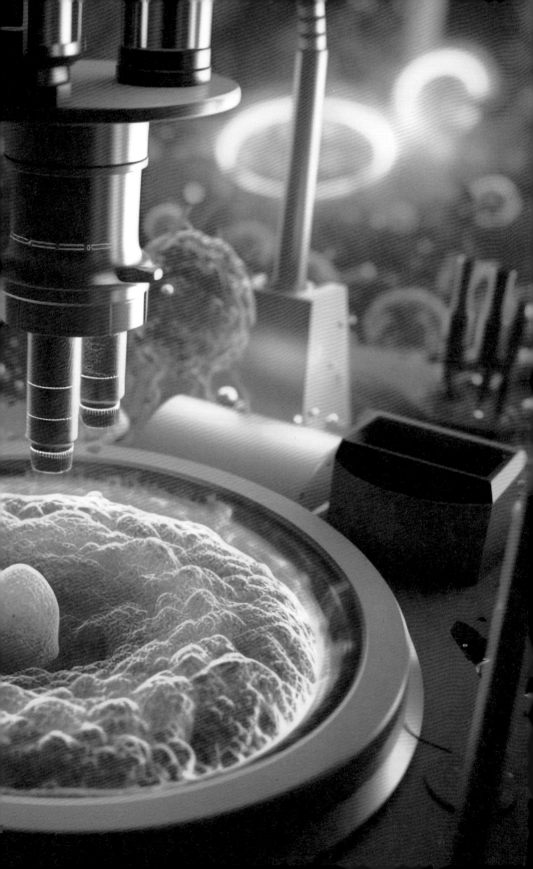

⠿ 一、显微镜的发展

　　显微镜作为现代科学研究的重要工具，由英国科学家罗伯特·胡克发明，其起源可追溯至 1665 年。

　　进入 19 世纪，显微镜技术迎来了重要的突破。1852 年，英国物理学家和数学家乔治·加布里埃尔·斯托克斯发现了荧光的发光过程，这一发现为后续的荧光显微成像技术奠定了基础。随后，在 1879 年，英国物理学家约翰·威廉·斯特拉特，又被称为瑞利勋爵，提出了光学仪器的分辨率判据——瑞利判据，这一理论对于显微镜分辨率的提高具有重要意义。到了 20 世纪中叶，显微镜技术再次迎来革新。1957 年，美国数学家、计算机科学家马文·李·明斯基提出了共聚焦的概念，这一概念为现代显微镜的成像技术提供了重要的理论基础。值得一提的是，明斯基还是人工智能领域专家，是最早提出"计算机会不会有能够像人这样的推理能力"等问题的学者之一。进入 21 世纪，显微镜技术继续飞速发展。2008 年，因绿色荧光蛋白（GFP）的发现和使用推广，其参与相关研究的学者们获得了诺贝尔化学奖，这一成果使得我们能够观察到绿色荧光蛋白标记的活细胞生物样本，极大地推动了生物医学研究的进步。2014 年，诺贝尔化学奖颁给了为超分辨荧光显微镜的发明做出巨大贡献的学者们，他们的研究成果突破了传统光学显微镜的分辨率极限，使得我们能够观察到更细微的生物结构。

 知 识 链 接

　　绿色荧光蛋白：是一个由约 238 个氨基酸组成的蛋白质，从蓝光到紫外线波谱中的光线都能使其激发，发出绿色荧光，最初从维多利亚多管发光水母中分离得到。一般来说，绿色荧光蛋白是无毒的，当用其进行荧光标记时，活细胞的生理功能几乎不受到影响。并且，绿色荧光蛋白结构稳定，几乎不受标记目标的影响。通过基因工程技术，绿色荧光蛋白基因可以被转进不同的细胞中，在细胞生物学与分子生物学的研究中应用广泛。

　　在回顾中学物理中光学的基础知识时，我们不得不提及它的三条基本原则。通过与显微镜结合，光学的三条基本原则可有如下表述。第一条原则是：当一束平行光入射到显微镜的物镜时，它会聚焦于物镜的焦点位置。第二条原则是：从焦点发出的光照射到物镜上后，会被转变为平行光继续传播。第三条原则是：如果光线是通过物镜的中心点入射的，无论其原始方向如何，它都将保持原来的方向继续传播。如今，显微镜所展现的多样化功能，其实都是从这三条光学基本原则扩展开来的。

　　当我们提及显微镜时，首先联想到的是它的主要功能——能够观察到物体的细微结构，实现放大的效果。以一根头发丝为例，在显微镜下，它能够被放大到如树干般粗壮的程度。显微镜成像基本原理如下所述。一个物体发出的或经过的光线（假设为平行光）会经过物镜的聚焦而汇聚。这些光线继续传播，经过一定的距离后，会形成一个放大的像。这个像可以被人眼直接观察，也可以通过相机进行记录。在这个过程中，物体到物镜光心的距离（物距 u）与物镜到像的距离（像距 v）是不同的。当 v 大于 u 时，显微镜就实现了放大效果。放大倍数（M）正是像距与物距的比值，即 v 除以 u。换句话说，在成像的过程中，物镜焦距（f）被放大了多少倍，显微镜的放大倍数就是多少。这种最早的成像方式被称为有限共轭成像。我们可以通过调整物镜和目镜各自的焦距以及它们之间的距离，获得不同放大倍数的像，从而实现对物体细微结构的观察和分析。

有限共轭成像原理示意如下图所示。

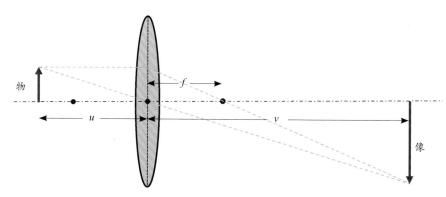

有限共轭成像原理示意图

然而，利用有限共轭成像原理观察物体会很麻烦，为什么呢？因为成的像是随着透镜放大倍数的不同而变化。换句话说，观察者需要把眼睛往前、往后移动，才能够看清楚图像。现代显微镜成像方式为无限共轭成像，这种成像方式不需要调整眼睛与物镜的距离或与记录器件的距离，只需要调节物体在焦面的上下位置，就能够看清楚图像。这是通过中间增加一个筒状透镜（Tube Lens）来实现的，因为筒状透镜会收集从虚焦面过来的平行光，从而使透镜之间的距离不相关。换句话说，如果我们调整物镜的位置，改变虚焦面和筒状透镜的距离，对成的像完全没有影响。这种成像方式能够让人们方便地把物体放大后观察，即显微镜的放大倍数是固定的。无限共轭成像原理示意如下图所示。

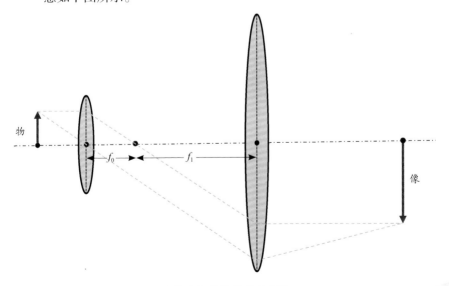

无限共轭成像原理示意图

实际上，显微镜的最主要功能不仅仅是放大。在深入讨论这一问题之前，我们需要回溯到视觉感知的基本原理。当我们观察一个物体时，为何能够清晰地辨识它？以身穿黑色西服的人为例，当站在白墙前时，他总能被轻易地注意到。然而，在环境幽暗时，人们则难以察觉他的存在。这背后的原因是物体与背景在光学特性上存在差异，使我们能够将物体从背景中区分开来。这些光学特性包括但不限于光线的吸收、散射和荧光发射等。以细胞为例，在明场显微镜下，细胞的不同部分对光线的吸收程度不同，从而在图像中形成明暗对比，使我们能够观察到细胞的结构。而相差显微镜则是利用不同区域折射率的差异来增强图像的对比度，从而进行观察。荧光显微成像技术是基于物质在吸收短波长光线后会发出长波长光线的特点来成像，它为生物医学研究提供了更多丰富的信息。

想一想

你知道什么是折射率吗？

扫描二维码
查看答案

在探讨显微镜成像的分辨率时，一个常被忽视但至关重要的因素是成像的对比度。为了直观地说明这一点，我们举例说明，相同放大倍数但数值孔径不同的物镜成像对比如下图所示。这两张图像均使用相同放大倍数的物镜拍摄，然而，尽管放大倍数相同，右侧的图像却展现了更多细节。这一差异的核心在于两者图像之间的对比度不同。出现这种对比度差异的根本原因在于物镜收集光线能力的差异。右侧的图像由数值孔径更大的物镜拍摄，它收集光线的能力更强，从而使拍摄的图像呈现更高的对比度。这一现象表明，对于显微镜而言，单纯地放大图像并不足以捕捉到目标物体所有重要的细节。更重要的是，我们需要确保显微镜能收集到足够的光线，这样才能使得目标物体与其周围的背景明显区分开来。

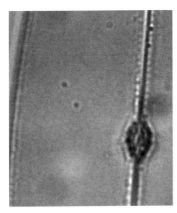
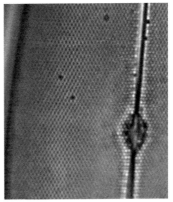

（a）小数值孔径物镜　　　　　　（b）大数值孔径物镜

相同放大倍数但数值孔径不同的物镜成像对比

以下图的黑色条纹状结构对比度为例。从左侧到右侧，这些条纹的尺寸保持不变。在左侧，这些条纹在背景中清晰可见；而在右侧，由于对比度降低，这些条纹与白色背景的区分变得困难。这进一步强调了对比度在显微成像中的重要性。

高  低

黑色条纹状结构对比度

⊞ 二、荧光

荧光技术，作为一种卓越的视觉增强手段，极大地提高了图像的辨识度和对比度。该技术的起源可追溯至英国数学家和物理学家斯托克斯的开创性研究。他首次观察到，当某些物质溶解于水后，这些物质的分子在受到紫外线照射时，会表现出独特的光学特性。具体来说，这些分子会吸收紫外线的能量，迅速从**基态 S_0 跃迁至高能级激发态 S_2**。然而，这种高能级状态并不稳定，分子会迅速回落至低能级状态，并在这一过程中释放出长波长的光线，分子跃迁原理如下页图所示。值得注意的是，在未经特定波长光线照射前，这些物质分子在长波长的红光频谱光线中并不表现出任何荧光信号。它们的荧光信号仅在被绿色或紫色的光线照射后才得以表现。这一现象为我们提供了一种类似于光线开关的机制，只有当短波长的光线作为"开关"去照射时，我们才能在长波长的光谱窗口中观察到这些物质分子发出的荧光。

斯托克斯

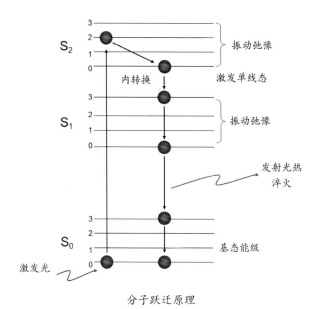

分子跃迁原理

知 识 链 接

　　基态与激发态：激发态和基态通常用来描述原子、分子或其他微粒的能量状态。

　　基态可以想象成物质的"平常状态"或"最低能量状态"，就像一个山谷的最低点。在基态下，原子或分子的能量是最低的，因此它们是相对稳定的。

　　激发态是原子、分子或其他微粒吸收了一定能量后达到的状态，就像一个球被抛到了空中。在激发态下，原子、分子或其他微粒的能量比基态时高，因此它们变得不稳定，会尝试释放能量回到基态。

　　这种能量的释放通常以光的形式进行，我们看到的荧光就是激发态原子、分子或其他微粒释放能量的一种形式。

　　以天空中的星星为例，星星实际上在白天也是持续存在的。然而，它之所以在白天显得隐匿，主要归因于对比度的缺失。随着夜幕降临，星星的亮度会愈发凸显。星星在不同时间呈现的效果如下图所示。荧光激发的过程与这一自然现象类似。在荧光现象中，我们通常使用较短波长的光线作为激发源，随后在较长波长的光谱窗口中收集荧光信号。这可以被形象地类比为天色逐渐暗淡，星星亮度逐渐提升的过程。这样我们便能更加清晰地观察到那些原本难以看清的、极其精细的微小结构。

星星在不同时间呈现的效果

在荧光技术的助力下，为了观察细胞内多样的蛋白质，我们需对其进行标记。2008 年的诺贝尔化学奖授予了三位杰出的科学家：下村修、马丁·查尔菲和钱永键。其中，日本的下村修教授，当时在美国西海岸西雅图附近的实验室工作，1962 年，

下村修　　　　　马丁·查尔菲　　　　钱永键

2008 年的诺贝尔化学奖得主

他从海洋捕捞的维多利亚多管发光水母中发现了一种独特的发光蛋白。经过提取和研究，他成功获得了现今广泛使用的绿色荧光蛋白的核心成分。随后，美国的查尔菲教授首次将这一技术应用于异源生物体研究中。美国华裔科学家钱永键教授则揭示了绿色荧光蛋白及其家族成员荧光特性的化学机制，在发展覆盖整个可见光谱区的绿色荧光

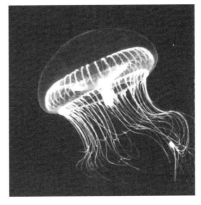

维多利亚多管发光水母

蛋白变种和改进其发色团和折叠性质上做出了杰出贡献。两位教授成功地将这种发光蛋白与动物体内的融合蛋白相结合，实现了对特定蛋白的特异性标记。这使得我们能够更精准地观察活细胞或活体动物内部的各种蛋白。

值得一提的是，钱永健教授的实验室通过对荧光蛋白的改造，不仅保留了其发出绿色光线的能力，还成功扩展了其光谱范围，使其能够发出蓝色、青色和红色的光线。这一创新性的技术极大地丰富了我们在细胞世界中的观察色彩，使我们能够洞察细胞的内部活动。可以说荧光蛋白点亮了细胞世界，如下图所示。

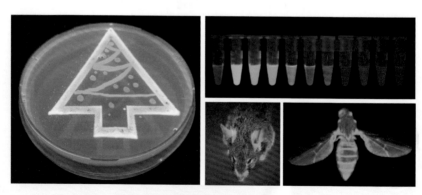

荧光蛋白在细胞世界中的标记与可视化

借助这一技术，我们现在可以同时观察不同的分子在细胞内的运动，就如同在现实生活中观察不同人的行为一样。例如，通过标记不同的蛋白，我们可以观察它们在细胞内的空间分布和相互作用，以及它们如何在相遇后改变各自的轨迹，如二维码中的视频所示。以视频中独自探索的细胞为例，我们同时标记了其骨架和细胞核，从而清晰地看到了它在自由空间内的探索活动，包括其旋转和移动，如二维码中的视频所示。在其他细胞中，我们标记了细胞内的微丝结构顶端，使其看起来就像国庆节的焰火一般绚丽多彩，如二维码中的视频所示。值得注意的是，这些观察都是在活细胞中进行的。有了荧光蛋白的特异性标记，我们能够准确地识别并观察不同的蛋白，进一步了解它们的结构、功能和动态变化，如下图所示。

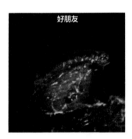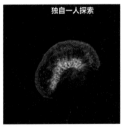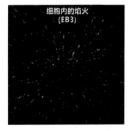

荧光显微镜下细胞内不同的蛋白和结构

好朋友　　　　独自一人　　　　细胞内的
　　　　　　　探索　　　　　　　烟火

⚏ 三、荧光分辨率

在探索微观世界的清晰视野时，我们首先需要深入理解一个核心概念——分辨率。分辨率原理示意如下页图所示，我们观察到样本上的任意一点发出的光线经过物镜的聚焦，形成一个点。值得注意的是，即使样本上的点无限小，它在物镜聚焦后形成的点也并非无限小，而是具有一个特定尺寸的光斑。这个光斑的尺寸与物镜收集光线的能力有关。物镜收集的光线越多，光斑的尺寸越小。物理学家通过深入研究，揭示了这一规律：显微镜收集到的光线越多，通过物镜聚焦后的光斑就越小。换言之，分辨率与物镜收集光线的能力有关。光收集角度 α 的正弦值与介质折射率之积为数值孔径（Numerical Aperture，NA），它反映了物镜收集光线的能力。数值孔径示意如下页图所示。

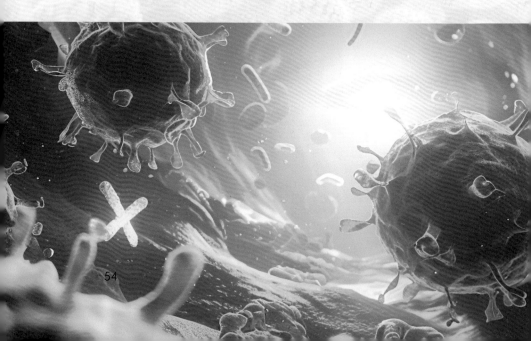

54

像面衍射光斑
即点扩散函数

物镜　筒状透镜　中间像面

样本

后焦面孔径

分辨率原理示意图

像面衍射光斑
即点扩散函数

物镜　筒状透镜　中间像面

样本

后焦面孔径

- 图像分辨率随数值孔径增大而提高

$$NA = n \sin \alpha$$

其中　α＝光收集角度
　　　n＝介质折射率

数值孔径示意图

数值孔径决定了物镜收集光线的能力和聚焦效果。数值孔径越大，物镜能够收集到的光线就越多，从而导致聚焦的点更小，进而提高分辨率。分辨率提高的原因可以通过瑞利判据来解释。如下图所示，根据瑞利判据，当两个光斑距离达到一定程度时，这两个光斑将开始重叠，导致观察者无法区分，这个距离被定义为分辨率极限。从观察的角度具体表现为我们通过这两个光斑中心的连线，可以看到光线强度的变化——整体光线强度上升到最高值，接着会下降，随后又升高。换句话说，当聚焦的光斑越小，物镜可以分辨的两个光斑的距离就越近。

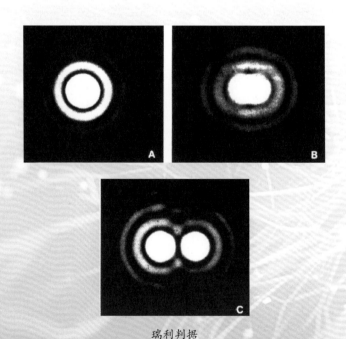

瑞利判据

　　荧光分辨率本质上是指成像系统能够区分相邻荧光分子的最小距离。其核心受限于物镜收集光线的能力。在荧光显微成像的过程中，荧光分子被激发后会向空间中的各个方向发出荧光。然而，由于物镜的收集角度和光学性能有限，它只能捕获并聚焦一定角度范围内的光线。这种光线的收集限制导致了信息的部分丢失，因为并非所有从荧光分子发出的光线都能被收集到。当物镜将这些收集到的光线聚焦时，由于部分信息的丢失，聚焦形成的光斑（图像中的像素点）无法无限小，而是存在一个最小值。这个最小值就代表了成像系统的分辨率极限，并且光斑的大小与物镜收集光线的能力成正比。换句话说，由于物镜收集光线能力的限制，我们无法在成像中无限精确地表示荧光分子的位置或大小。从信息论的角度来看，分辨率极限是部分信息丢失的直接原因。在荧光显微成像中，从荧光分子发出的光线是原始信息，而物镜收集光线的能力决定了我们能够捕获和重建的信息量。由于部分信息的丢失，我们无法在成像中完全还原荧光分子的原始状态，只能得到一个近似的表示。

⠿ 四、超分辨成像技术

在确立分辨率极限之后，学术界与科研界纷纷探讨一个问题：这一极限是否存在被突破的可能性。2014 年的诺贝尔化学奖正是对这一探讨的认可与肯定，它授予了埃里克·白兹格、斯特凡·赫尔和威廉·艾斯科·莫尔纳这三位杰出的科学家。

埃里克·白兹格　　　斯特凡·赫尔　　　威廉·艾斯科·莫尔纳

2014 年的诺贝尔化学奖得主

其中，美国科学家白兹格和德国科学家赫尔以物理学家的身份获此殊荣，而美国科学家莫尔纳则以其化学物理学的卓越贡献获得了这一荣誉。

如何打破这一极限呢？上文已经讨论过，当存在大量荧光分子同时发光时，由于它们发出的光线聚焦形成的光斑相互叠加，难以区分其中具体包含多少个。那么，是否有一种方法可以避免这种荧光分子同时被激发，而是选择性地仅激发其中的某一个荧光分子呢？答案是肯定的。设想一下，如果能够仅让其中一个红色荧光分子发光，那么就可以准确地确定它的位置，因为最亮的光斑必然对应于荧光分子本身的位置。为了实现这一点，可以采用分时观察策略。具体来说，就是在同一时间只观察少数几个荧光分子，观察完毕后通过某种方式将其"擦除"或"关闭"，然后再去观察其他荧光分子，如下图所示。通过重复这一过程，可以发现一个令人惊奇的现象：当在时间上将这些荧光分子分开时，我们能够得到更为清晰的信号。这实际上是以时间换取空间的策略，从而打破分辨率极限。

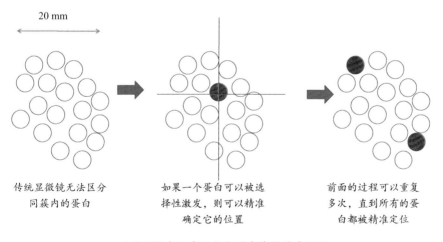

传统显微镜无法区分　　　如果一个蛋白可以被选　　　前面的过程可以重复
同簇内的蛋白　　　　　　择性激发，则可以精准　　　多次，直到所有的蛋
　　　　　　　　　　　　确定它的位置　　　　　　白都被精准定位

以时间换空间实现超分辨成像的技术原理

在理解超分辨成像技术原理时，我们可能会遇到一些挑战。为了更直观地解释其原理，我们可以借用埃菲尔铁塔作为一个类比。

想象一下，当埃菲尔铁塔在夜晚亮起众多灯光时，从远处看，由于所有的灯同时亮起，我们无法清晰地分辨出每一盏灯的具体位置。然而，如果改变灯光的闪烁模式，即不是所有的灯同时亮起，而是按照一定的顺序，有些灯亮了后关掉，接着其他一些灯再亮起和关掉，这样就能确认埃菲尔铁塔上所有灯的位置。将这个过程应用到超分辨成像技术上，可以理解为，在空间上同时亮起的多个荧光分子（如同埃菲尔铁塔上的灯）由于排列过于密集而无法被传统显微镜清晰分辨。但是，通过类似于灯光闪烁的方式，在时间上拉长这一过程，即让不同的荧光分子在不同时间点依次被激发后发光，就可以精确地定位每个荧光分子的位置。这就是 2006 年白兹格在《Science》杂志上首次发表的光激活定位显微技术（Photoactivated Localization Microscopy，PALM）的基本工作原理。

　　同一年，哈佛大学的庄小威教授提出了一个与上述技术实现方法不同、使用的荧光探针不同，但原理极为相似的创新方法，即随机光学重建显微技术（Stochastic Optical Reconstruction Microscopy，STORM）。这项技术的问世，极大地提高了观察生物样本的分辨率。例如，通过该技术，我们能够清晰地观察到网格蛋白包被小窝（Clathrin-coated Pit）在传统显微镜下与超分辨显微镜下的成像对比，如下页图所示。在传统显微镜下，我们只能看到较为模糊的图像（呈现为青色）；在超分辨显微镜下，这些结构呈现出更为精细的环状形态，这为我们理解其功能和机制提供了重要线索。此外，STORM技术的应用还帮助我们解决了许多重要的科学问题。例如，通过该技术，科学家们首次观察到神经元轴突上的骨架结构的精细排列，如下页图所示。这种结构由 βII-Spectrin 等蛋白构成，呈现出弹簧般的交错排列，展现出其独特的美感和规律性。

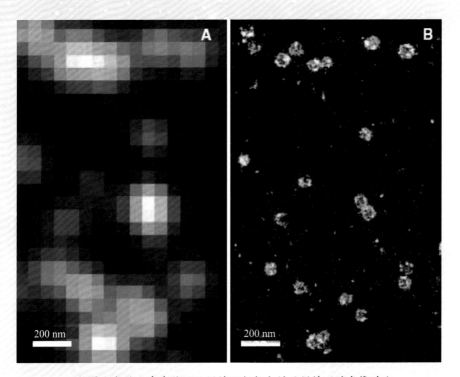

网格蛋白包被小窝在传统显微镜下与超分辨显微镜下的成像对比

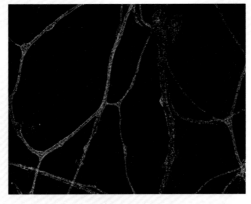

神经元轴突上的骨架结构

知识链接

　　荧光探针是一类特殊的分子，它们可以发出荧光。当它们所处的环境发生变化时，比如环境的极性、折射率或黏度等发生变化，荧光探针的荧光性质也会发生相应的改变，如激发和发射波长、强度、寿命、偏振等。

　　荧光探针的用途非常广泛，可以用来检测和研究不同的物质或生物过程。比如，科学家们可以用荧光探针来检测细胞内的特定分子，或者观察化学反应的进行过程。

　　荧光探针就像是环境中的"小哨兵"，当环境发生变化时，它们会发出"信号"，告诉我们环境发生了什么变化。这种"信号"就是荧光性质的变化，我们可以通过观察荧光性质的变化来了解环境的情况。

　　荧光探针具有很多优点，比如灵敏度高、使用方便、成本低等。因此，荧光探针在科学研究和实际应用中都有着重要的作用。

　　PALM 和 STORM 等基于点定位的超分辨成像技术可以类比于印象派绘画中基于点的表现手法，其中图像的构成单元不再是像素，而是由密集的点构成。基于点的印象派绘画如下页图所示。这些点的密集程度直接决定了图像的分辨率。德国马克斯普朗克研究所的研究人员为了进一步提高图像的清晰度，采用了另一种以时间换取空间分辨率提高的策略。他们认识到，传统光学显微镜的分辨率极限主要因仪器收集光线的能力所限，导致无法有效区分靠得很近的分子。为了克服这一难题，研究人员提出了受激发射光淬灭显微技术（Stimulated Emission Depletion Microscopy，STED），该技术是建立在共聚焦扫描成像技术的基础上。简而言之，通过激发荧光分子，并在它准备发射荧光时，使用另一束激光将荧光分子周围一圈的其他分子的状态从激发态直接拉回基态，从而抑制了其他荧光分子在光斑外围区域的发光。这一过程相当于使用了一个"橡皮擦"，擦除了这一圈原本要发光的其他荧光分子，使得光斑变小，从而实现图像分辨率的提高。

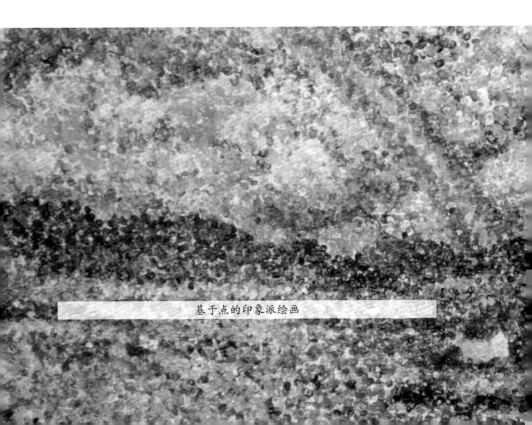

基于点的印象派绘画

　　举例来说，通过 STED 技术，我们能够观察到更为清晰的肌动蛋白结构以及位于肌丝右侧的微管蛋白，其细节相较于传统显微技术下的成像结果更为清晰，如下图所示。

肌动蛋白

肌丝右侧微管蛋白

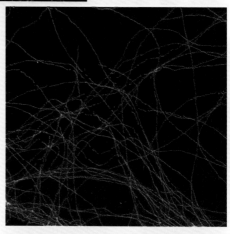

超分辨成像技术下的肌动蛋白以及位于肌丝
右侧的微管蛋白

⁝⁝⁝ 五、结构光照明显微技术

同时，我还想深入阐述一个由美国科学家马茨·古塔弗森发明的技术，这项技术未来的应用前景应该会相当明朗。该技术名为结构光照明显微技术（Structured Illumination Microscopy, SIM），是我们实验室持续研究与发展的核心领域。结构光照明显微技术的原理其实很简单。在日常生活中，摄影爱好者或许对摩尔效应有所了解。图像本质上是由一系列不同空间频率的信号构成的。高频信号通常对应于图像中精细且难以直接观察的结构。在均匀光线条件下，由于人眼的分辨能力有限，我们往往无法捕捉到这些细微的结构。然而，当采用结构光照明显微技术时，我们不再使用均匀的光线，而是采用具有条纹特性的光线进行照明，就会发现一些细微的结构和形状。这种照明方式能够揭示出图像中原本难以察觉的精细结构。它背后的科学原理涉及空间频率的混叠效应。想象一下，一系列小球紧密排列成一行，其间距恰好达到分辨率极限，即刚好处于"不可见"的状态。在均匀光照下，每个小球产生的光线拟合成的点扩散函数会相互重叠，最终呈现为一个均匀的亮度区域，无法分辨其中的细节。然而，当使用正弦函数形式的明暗条纹光线进行照明时，我们可以通过调整条纹的相位，使得条纹的峰值恰好落在某些小球上，从而使相邻的小球处于暗区。这样，我们就可以在视觉上区分出原本难以分辨的小球。通过不断改变正弦函数形式的入射光的相位，我们可以选择性地突出显示不同位置的小球，从而揭示出图像中原本难以察觉的精细结构。这一过程实际上是通过在空间频率上引入混频来实现的，它使得我们能够超越传统分辨率的限制，观察到更为精细的图像细节。

 知 识 链 接

摩尔效应：一种特殊的光学现象，它是两条线或两个物体之间以固定的角度和频率发生干涉后所产生的视觉效果。当人眼无法分辨这两条线或两个物体时，就能看到这些干涉的花纹。摩尔纹在一些纹理细密的情况下，例如摄影中的布料上，出现得很普遍，会通过亮度或者颜色来展现。

根据傅里叶变换，图像可以看作由很多不同的黑白条纹叠加而成，如下页图所示。以此为例，每一组条纹间隔不同，即是空间频率不同。

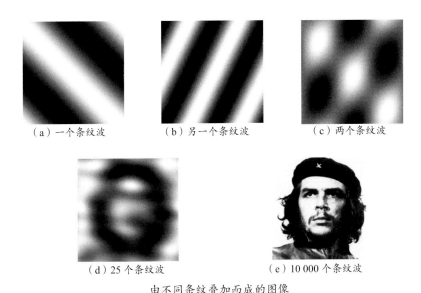

（a）一个条纹波　　　（b）另一个条纹波　　　（c）两个条纹波

（d）25个条纹波　　　　（e）10 000个条纹波

由不同条纹叠加而成的图像

　　要深入理解这个过程，我们不可避免地要提及一个在大学阶段可能会深入学习的概念——傅里叶变换。它的核心逻辑在于将我们对图像的传统认知进行一种转换。当我们审视一幅图像时，通常习惯于将它视为像素的集合。然而，在傅里叶变换的视角下，图像被解构为一系列明暗条纹波动的叠加。以切·格瓦拉的图像为例，单独一个条纹波动，我们可能无法直接辨识出它与原图像之间的联系。然而，随着多个条纹波动的叠加，图像的信息逐渐显现。当我们将不同方向和不同频率的波动叠加在一起时，一幅完整的切·格瓦拉图像便呈现在眼前，如上图所示。

结构光照明显微技术作为现代生物成像领域的一项重要突破，其显著优势在于它高速成像的能力。这一技术使得我们能够实时追踪和记录活细胞内生物分子结构的动态变化，例如，我们利用该技术可以观察到活细胞中肌动蛋白骨架结构的变化过程。传统的基于点的超分辨成像技术，如 PALM 技术或 STORM 技术，虽然能够在空间分辨率上实现突破，但由于其成像过程需要牺牲时间来换取空间分辨率的提高，因此通常只能应用于固定细胞的研究。然而，使用结构光照明显微技术的海森结构光超分辨显微镜的问世，打破了这一限制，使得我们能够在活细胞中进行实时、高分辨的观察。更为关键的是，结构光照明显微技术所需的光照强度极低。与其他技术，如 STORM 技术或 STED 技术相比，结构光照明显微技术能够捕捉到活细胞内其他技术难以观察到的生物过程。以**线粒体**为例，作为细胞中至关重要的细胞器，它负责产生能量化合物——ATP，以维持细胞的正常生理功能。海森结构光超分辨显微镜能够在活细胞中清晰地观察到线粒体的形态、结构以及动态变化，如下图所示。

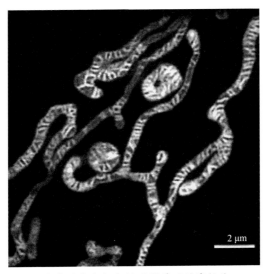

海森结构光超分辨显微镜下的线粒体

🔬 知识链接

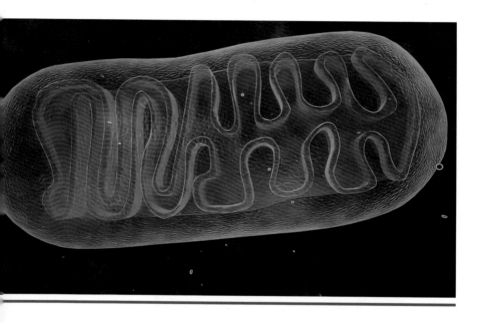

　　线粒体是一种存在于大多数真核细胞中的由两层膜包被的细胞器，是细胞中制造能量的细胞器，也是细胞进行有氧呼吸的主要场所。线粒体的嵴（内嵴）是线粒体内膜褶皱形成的结构，其形态和数量因细胞类型和生理状态的不同而异。线粒体的嵴的存在大大扩展了线粒体内膜的表面积，为更多的化学反应提供了场所，是细胞能量代谢的关键细胞器之一。

通过回顾课程内容，我们不难发现，本课程涉及的领域广泛而多元，涵盖了物理学、光学、化学和量子理论等方面的内容。此外，还包含了信号处理技术、计算机科学和数学等方面的内容。然而，要深刻理解这些知识，我们必须理解它们之间的内在联系。在大学阶段，同学们会选择不同专业，学习不同课程。通常，我们容易将所学知识视为一个个孤立的"仓库"，如语文、数学、物理等知识各自为政。然而，当我们将这些知识应用于现实生活中，解决具体问题时，便会发现这些所谓的"仓库"实际上构成了一个连续的、相互交织的知识景观。因此，要真正解决问题，我们需要将这些知识串联起来，形成一个完整的知识体系。希望通过本讲的学习，大家能够认识到不同学科之间的边界虽然存在，但对于每一个个体而言，关键在于发掘这些学科之间的联系。每个人在不同学科中的掌握程度或许有所差异，但无论是深是浅，关键在于将这些知识联系起来，形成自己独特的见解和解决问题的能力。这样，我们才能成为独一无二的自己。

显微成像技术遭遇的
挑战与解决方法

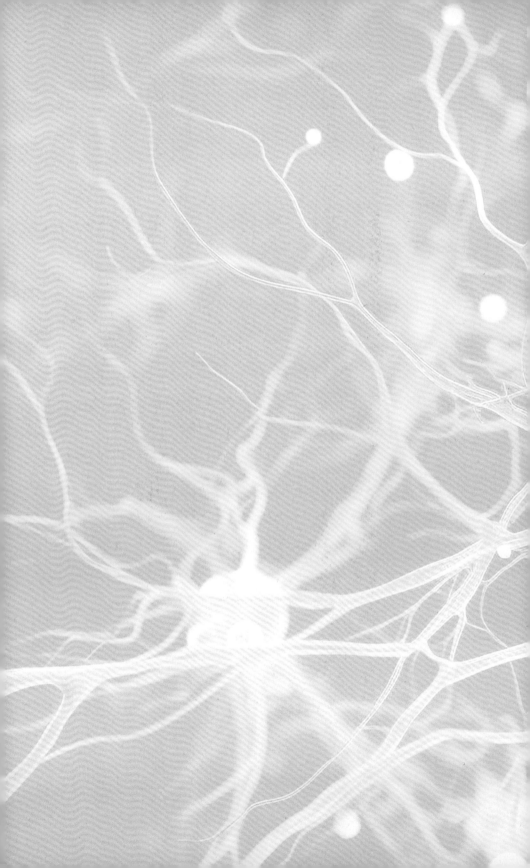

⠿ 一、动态

　　我们团队尤为关注的一个研究焦点是在活体或活细胞内部探索生命的动态过程。为何如此重视观察这些动态过程呢？这可以类比小朋友观察小鸭子玩具的情景。每当小朋友看到小鸭子在轨道上逐级攀登，随后在滑梯上滑下来时，他们总是充满好奇和惊喜。对于小朋友而言，一方面，他们可能明白了当物体置于滑梯之上时，它会受地球引力的影响而下滑；另一方面，他们也可能理解了由于自动轨道的外力作用，小鸭子们能够排队依次上升。这种类比同样适用于我们实验室的研究。通过观察活体或活细胞中的生命过程，我们能够更深入地理解生命机制的动态运作，从而揭示出许多静态观察难以发现的规律。

　　在活体或活细胞中直接观察生命活动的过程，我们能够获取到更多宝贵的动态信息。具体而言，我们能够追踪经过荧光标记的蛋白和分子的移动路径，了解它们从哪里来，以及它们要到哪里去。深入思考这两个问题——"从哪里来"和"到哪里去"，我们不难发现，这两个问题实际上揭示了蛋白和分子的核心意义。正如学校门口的门卫询问学生关于身份和目的的问题，这些蛋白和分子在细胞内的移动轨迹也定义了它们是谁、它们在特定时间和位置所起的作用。因此，要全面理解这些蛋

白和分子的动态信息，只有在活体或活细胞中进行观察，才能
捕捉到它们真实的生命活动状态。

⠿ 二、捕捉动态的困境

在超分辨成像技术中，获取高分辨率的图像往往需要付出一定的代价。这主要体现在我们需要收集大量的光线以达到足够的信号强度。然而，当我们试图在活体或活细胞中观察生命过程时，这一需求便面临一个显著的困境。如下图所示，以转动的风车成像过程为例，为了捕捉更多的光线，我们通常需要长曝光，即增加相机的曝光时间。然而，当被拍摄对象是一个运动物体时，长曝光就会导致图像变得模糊，这是由于物体运动导致的伪影。

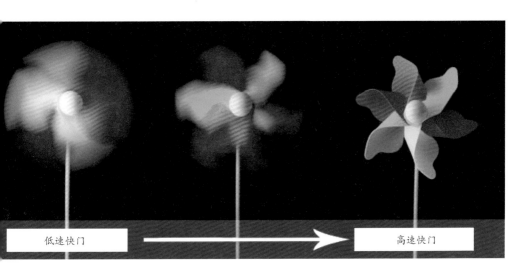

低速快门　　　　　　　　　　　　　　高速快门

转动的风车成像过程

面对长曝光导致的运动伪影问题，一种常见的思路是短曝光，即减短曝光时间以捕捉物体的快速运动。然而，短曝光仍有它存在的问题。如果我们选择短曝光，以深夜中拍摄街景为例，如下图所示，尽管物体本身可能静止不动，但由于曝光时间过短，我们能够收集到的光线非常有限。这导致了信号强度的显著降低，使得图像对比度不足，难以清晰地呈现细节。

深夜中拍摄街景

在生活中，我们时常会遭遇这种进退两难的困境，这些挑战如同攀登阶梯时的障碍，只有克服它们，我们才能迈向更高的阶梯。在活细胞成像领域的相关研究取得突破性进展之前，科学家面临的难题尤为突出：如何既避免长曝光导致的运动伪影，又确保短曝光中收集到足够的光线以形成高分辨率的图像。

　　这个活细胞成像领域的难题与梵高所画的《放风的囚犯》描绘的微妙情境类似，如下图所示。在这幅画中，囚犯们在短暂的放风时间内，既享受着片刻的自由，又不得不面临种种限制，他们需要在自由和限制之间寻找一种平衡，试图以有限的行动空间诠释对自由的渴望与追求。科学家在探索活细胞成像的过程中也面临着类似的挑战，他们渴望能够完整、真实地捕捉到细胞内部分子的动态信息，以揭示生命的奥秘。然而，现实却如同囚犯身边的高墙，成像过程中的信息丢失成为一道难以逾越的障碍。因此，需要用全新的视角和方法来审视这个难题，打破传统的思维模式，寻求一种创新的解决方案，以便在活细胞成像领域取得突破性的进展。

梵高的《放风的囚犯》

⠿ 三、稀疏性的利用

很多杰出科学家的工作主要集中在数学领域，深入探索如何解决捕捉动态困境的难题，让我们能够更清晰地观察活细胞中的内部世界。在这个探索过程中，"稀疏性"这一概念显得尤为关键。在日常生活中，当我们使用照相机拍照时，会选择图像的存储格式和质量。通常情况下，选择高质量、中质量或低质量的图像会直接导致存储空间的显著差异。例如，一个高质量的图像可能需要 600 KB 的存储空间，而将其压缩至低质量后，可能仅需 38 KB 的存储空间，这意味着图像的存储空间可以被压缩高达 90% 以上。然而，值得注意的是，尽管在存储空间上存在如此显著的差异，但当我们以相同的放大倍数查看这些图像时，往往难以区分这些图像在人眼视觉上的差异。高质量、中质量和低质量图像对比如下图所示。无论是高质量、中质量还是低质量的图像，在常规的观察尺度下，它们所呈现的画面内容几乎是一致的，除非我们将图像放大到每一个像素的尺度。

高质量、中质量和低质量图像对比

当我们记录一张图像时，通常会记录每个点或像素的灰度值以及 RGB（分别表示红、绿、蓝）三种颜色的模板值信息。只有记录所有灰度值和 RGB 模板值，我们才能说完美地记录下图像上的所有信息。然而，以上页图中高质量、中质量和低质量的图像对比为例，当我们观察左侧、中间、右侧三幅图像时，尽管它们的记录文件大小存在显著的差异，但对于我们的人眼来说，这三幅图像在视觉质量上并没有明显差别。这一现象揭示了一个重要的概念：图像中存在大量的冗余信息。换句话说，我们并不需要记录每个点或像素的所有灰度值和 RGB 模板值。因为对于我们人眼的视觉系统而言，在常规的观察尺度下，图像中的许多细节是相似的，如上页图中三幅图像蓝天的区域或栏杆周围的区域，它们的细节是相似的。另一种理解图像的方式是将其视为由线条和边界构成的结构，而非简单的点或像素叠加。任何一张图像都是由各种方向和不同形状的线条构成的，这些线条可以是朝上的、朝下的、朝左的或朝右的。如果我们不采用点或像素作为图像的记录单位，而是使用这些线条和边界作为图像的基本元素，我们会发现记录它其实不需要如此大的存储空间来存储图像。通过捕捉图像中的线条和边界，我们可以将图像的存储空间减少至原来的十分之一或二十分之一，而仍能非常好地重建出常规观察尺度下清晰的图像。这表明，我们拍摄的大量图像其实是稀疏的，即它们包含大量的冗余信息，不需要通过记录每一个点或像素的信息来完整地保存。

在信号处理与重建的领域，一个核心问题是如何准确地复现一个信号，这个信号可能是图像，也可能是波形。为了实现这一目标，我们首先需要明确一个基本原理：测量的精度直接决定了信号复现的准确度。具体来说，当我们想要测量一个信号时，所使用的"尺子"（采样间隔）必须小于信号中最小变化尺度的一半。如果我们采用的采样间隔大于信号中最小变化尺度的一半，比如采样间隔是最小变化尺度的 2/3，那么在重建信号时，可能会遇到混叠现象。如下页图所示，当采样间隔过大时，原本独立的信号特征点可能会被错误地连接在一起，导致重建出的信号不再是原始信号的准确复现，尤其是对于像正弦波这样的连续变化信号，其波形可能会被扭曲或失真。因此，在记录我们周围的万事万物时，为了保证测量的准确性，我们必须确保所使用的采样间隔满足奈奎斯特 - 香农采样定理（Nyquist-Shannon Sampling Theorem）的要求。这一定理指出，为了完整地重建一个信号，采样率必须至少等于信号中最高频率分量的两倍。换言之，只有通过足够密集的采样，我们才能逐步地、精确地捕获信号的所有特征，从而实现信号的完美或接近完美的重建。这是一个基本的物理和数学极限，是信号处理和重建领域必须遵循的基本原则。

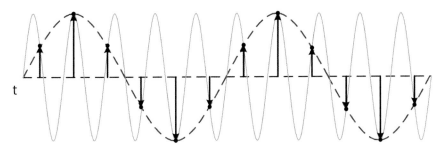

采样间隔过大造成的信号失真

正如我们之前所讨论的，图像中往往包含着大量的冗余信息。如果我们以每个点或像素为单位进行记录，那么会发现其中存在许多相似的、重复的信息和细节。换句话说，这些图像在信号层面展现出了稀疏性，即只有一小部分的信息是真正独特且关键的。

2006 年，由法国数学家伊曼纽尔·坎德斯和美国华裔数学家陶哲轩领衔的研究团队共同提出了一项数学理论——压缩感知原理。它的核心思想是在已知信号具有稀疏性特征的情况下，无须严格遵循传统的采样定律，即无须进行高频率的采样和精确的记录，依然能够成功地重建原始信号。在数学和信号处理领域，所谓的稀疏性，指的是信号在大多数位置上取值为零，而只在少数位置上是非零值。根据该理论，只要预先知道信号足够稀疏，即信号中零值元素占据主导地位，非零元素相对较少，且无须精确知道这些非零元素的具体位置，我们便可以通

过特定的算法和计算方法，从有限的采样数据中准确地重建出
原始信号。

坎德斯

陶哲轩

　　坎德斯和陶哲轩的研究团队共同提出的数学理论在实际应
用中具有显著的重要性。这一理论在医疗领域，特别是核磁共
振检查中，展现了独特的价值。在核磁共振检查中，患者通常
需要躺在平板上，平板会带着患者进入检测装置。装置中的大
型核磁设备会旋转并发出射线，这些射线穿过人体后被检测器
记录下来。根据传统的奈奎斯特 - 香农采样定理，为了获取人体
内部的精细动态结构，理论上可能需要长达十分钟的检测时间。
然而，借助压缩感知原理，由于人体内部的图像具有稀疏性，
我们无须完全遵循奈奎斯特 - 香农采样定理。通过随机但具有代
表性的方式采集一定数量的图像数据，就可以利用压缩感知原
理完美地重建出原始图像。这一技术的实际应用效果令人瞩目。

一方面，它使得核磁共振检查的时间大大缩短，减少到原先的十分之一。这意味着，在进行核磁共振检查时，患者，尤其是儿童，将不再需要长时间保持静止和憋气。这不仅提高了检查的效率和准确性，也极大地改善了患者的体验。另一方面，我们必须明确，核磁共振技术使用高能粒子对人体进行照射，这些粒子具备显著的能量，并伴有一定的辐射性。这种技术的操作环境也反映了其潜在的风险，如同人们在医院所见，核磁共振实验室的外部常常亮起警示红灯，且周围通常使用厚重的铁板或铝板来进行隔离，以减少设备对外部环境的辐射。因此，减少高能粒子在成像过程中的曝光量，无疑将极大地提升核磁共振技术的安全性。这一改进举措的提出和实施，正是数学理论在医学实践中发挥指导作用的典型例证。

　　那么，上述理论与超分辨成像技术有什么关系呢？超分辨成像技术与分辨率的关系是紧密的。分辨率的局限性源于光线在传播和收集过程中的信息丢失。具体来说，当物体的任意一点发出光线时，只有部分光线被物镜收集，而大部分光线散失，导致当物镜聚焦光线时，无法形成无限小的点，只能形成一定大小的光斑。由于光线的散失，我们无法获得物体这一点完整的原始信息，这就构成了分辨率的物理限制。许多物理学家认为，一旦信息丢失，就很难直接找回。

　　接下来，我们引入一个较为复杂的概念。在显微镜下，一个物体的成像过程可以看作物体本征频率在频率空间上与一个低通滤波器的乘积。这里的"低通滤波器"可以理解为一种限制，它只允许特定频率范围内的信号通过。具体来说，当我们把物体结构看作不同明暗条纹的叠加时，这些条纹包含低频、中频和高频的信号。而显微镜的聚焦过程，实际上是将一个点光源转化为一个点扩散函数（光斑拟合而成的函数），这个过程就等价于在频率空间乘以一个低通滤波器。

　　在图像处理中，经常需要用到傅里叶变换来分析图像的频率成分，并通过滤波器（如低通滤波器）来修改这些频率成分。

$$G(u,v) = F(u,v) \times H(u,v) \qquad （公式1）$$

　　在公式1中，$G(u,v)$ 是经过处理后的傅里叶变换图像的拟合函数，$F(u,v)$ 是原始图像傅里叶变换的拟合函数，$H(u,v)$ 是低通滤波器的传递函数。为了恢复原始图像 $F(u,v)$，在理论上我们需要执行除法操作，即 $G(u,v)$ 除以 $H(u,v)$。然而，这种除法操作在实际应用中并不总是可行的，特别是 $H(u,v)$ 在某些频率处为零值或接近零值的情况下。在频率空间中，当 $H(u,v)$ 在截止频率处为零值时，意味着原始图像 $F(u,v)$ 在该频率处的所有信息在滤波过程中已经完全丢失。因此，试图通过除以零值（或接近零值）来恢复这些信息是不可能的，这符合数学中的基本规则，即除数不能为零。因此，在实际应用中，解卷积运算并不总能提高图像的分辨率，从而重建图像。

在 1972 年至 1974 年间，天文学家理查森和卢西面临了同样的问题。当使用天文望远镜观测银河系中的星体时，他们发现由于光线受到望远镜接收角度的限制，图像模糊，进而影响了望远镜的分辨率。为了还原原始图像的真实信息，他们提出了一种方法——迭代解卷积，这种方法并非在频率空间进行信号重建，而是直接在观测到的图像上进行操作。他们的方法基于一个迭代的过程。由于不知道真实的图像是什么样的，他们开始猜测图像的可能形态。随后，他们将猜测的点扩散函数进行卷积运算，并将结果与真实观测到的图像进行比较。如果两者在某些区域相匹配，这些区域就被认为是正确的，并被保留下来；而对于不匹配的区域，则计算出猜测图像与真实图像之间的差异，并将此差异作为下一轮迭代的参考。将这个过程不断重复，每次迭代都保留正确的部分，同时根据差异调整猜测的图像。通过一轮又一轮的猜测和调整，最终得到的猜测图像与真实观测到的图像在各个方面都达到一致或最大程度的接近。这种方法的巧妙之处在于，它避免了在图像处理过程中可能出现的除以零值的运算，因此有可能突破原有分辨率的限制，实现更高精度的图像重建。

然而，一些物理学家对这种方法的有效性提出了质疑。他们认为，尽管这种方法能够产生看似合理的结果，但在大多数情况下，这些结果并不准确。这一观点在一本物理学的教科书中得到了支持，书中指出，无论采用何种猜测方法，都无法确保得到的结果与真实的情况完全一致。

当我们深入探讨猜测的过程时，可以将其类比于我们在小学阶段所接触的解经典数学问题——鸡兔同笼问题的过程。在《孙子算经》中，这一问题的描述是：今有雉兔同笼，上有三十五头，下有九十四足，问雉兔各几何？进入初中后，我们发现，这个问题实际上是一个二元一次方程组的应用。在这个问题中，我们需要求解的是两个未知的变量：鸡的数量和兔的数量。同时，问题也给出了两个已知的条件：总共有 35 个头和 94 只脚。我们可以运用数学中解二元一次方程组的方法，而不需要依赖传统的算术解法，计算出鸡的数量是 23，兔的数量是 12。

这个过程可以类比于我们在显微镜的截止频率范围内进行迭代估算求解的过程。当需要估算的空间频率位于显微镜能够接收的截止频率以内时，估算过程遵循着一种基本的数学原理：未知数的数量与方程的数量相等，从而能够求解出唯一解。这类似于解决鸡兔同笼问题，其中鸡的数量和兔的数量为两个未知数，而头的总数和脚的总数则提供了两个方程，从而得出唯一解。然而，当考虑显微镜的截止频率范围之外的情况时，即超出显微镜接收能力的部分，问题变得复杂。这部分频率信息在显微镜的观测中缺失，类似于鸡兔同笼问题中如果我们仅知道头的总数（35 个），而不知道脚的总数（94 只），那么问题就变成了一个单一方程对应两个未知数的情形。此时，存在多个可能的解，因为我们无法仅通过头的数量来确定鸡和兔的确切数量。物理学家认为频率扩展部分很难猜对的原因在于在显微镜的截止频率以外，信息实际上是缺失的。如果尝试使用迭代猜测估算的方法来处理这部分信息，就相当于在没有足够方程的情况下求解未知数，这将导致解的不确定性和多样性。然而，当引入先验知识时，情况将会有所改善。例如，在图像处理中，如果知道图像信息具有稀疏性（即许多像素为零值），这些先验知识可以帮助我们缩小解的范围，甚至在某些情况下能够得到唯一正确的解。正如在鸡兔同笼问题中，在仅知道头的总数（35个）的前提下，我们引入了一个先验知识——兔子的数量为0，那么就能直接得出鸡的数量为35。

经过对荧光显微镜成像过程的深入观察和分析，我们得出一个重要发现：荧光显微镜所捕捉的图像本质上是具有稀疏性的。这是因为在进行荧光标记时，我们仅仅针对真实物体中的特定部分蛋白进行标记，而非全面标记。例如，在观察核孔复合体时，这一复合体由多种不同类型的蛋白组成，而我们通常只选择其中一种蛋白进行荧光标记。以蛋白NUP98为例，在一个核孔复合体中，该蛋白存在多达32个拷贝。当从侧面观察时，真实结构呈现出四组平行的竖条，排列成两排；而当从上方观察时，则呈现出类似花瓣的形状。然而，在常规的荧光显微镜下，由于分辨率的限制，我们只能观察到模糊的大光斑。随着分辨率的提高，点扩散函数逐渐缩小，使得观察到的光斑尺寸也随之减小。当分辨率进一步提高时，光斑开始呈现出环状结构。当进一步提高分辨率后，我们发现环状结构并非连续，出现了点状结构。不同分辨率下蛋白NUP98的观察影像如下页图所示。通过这个过程，我们可以清晰地看到荧光图像具有稀疏性。随着分辨率的提高，图像的稀疏性变得更加显著。这一发现就是我们可以在迭代解卷积过程中引入的先验知识。

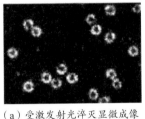

（a）受激发射光淬灭显微成像

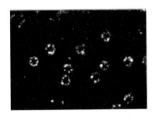

（b）光激活定位显微成像

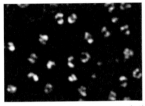

（c）膨胀结构光超分辨显微成像

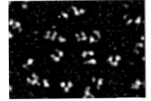

（d）膨胀超分辨径向波动显微成像

不同分辨率下蛋白 NUP98 的观察影像

 知 识 链 接

核孔复合体是真核细胞膜上沟通核质和胞质溶胶的复杂隧道结构。贯穿内膜和外膜，由多种核孔蛋白质构成。核孔复合体在细胞核内外的物质转运中起到重要作用，例如细胞质核糖体上合成的 DNA 聚合酶、RNA 聚合酶、组蛋白通过核孔复合体运入细胞核，细胞核内合成的各种 RNA 通过核孔复合体运出细胞核。

我们已充分验证，在图像呈现稀疏性的情况下，迭代解卷积能够准确地恢复出图像的关键信息。在此，我们分享一个极端的案例，信号重建案例如下图所示。左上角的原始图像在频率空间呈现为正弦波形式，即明暗相间的条纹，如左下角图所呈现。这个原始图像信号是我们自己模拟的，因此没有噪声，全部都是真实信号。经过滤波后，这些条纹的荧光强度几乎趋于一致，在中间下方的图中呈现。通过迭代解卷积，我们几乎能够通过该图像滤波后的信号完全重建原始信号，在右下角图中呈现。尽管这一方法早在 20 世纪 70 年代已被提出，但长期以来鲜有人应用。难道在这么长的时间里，都没有人意识到这一方法的可行性吗？

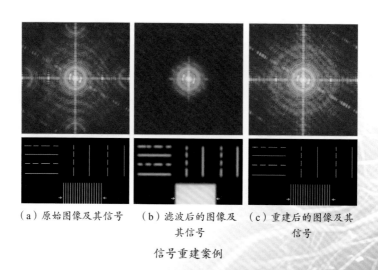

（a）原始图像及其信号　（b）滤波后的图像及　（c）重建后的图像及其
　　　　　　　　　　　　　　　　其信号　　　　　　　　信号

信号重建案例

　　实际上，将迭代解卷积方法应用于实际图像时有一个关键的问题——实际图像中存在随机噪声，即高斯噪声。换句话说，当相机没有输入时，它也可能输出一些数值，即所谓的相机随机读出噪声。当图像受到这种噪声的干扰时，上述方法便不再适用。原因在于，噪声的存在使得我们难以区分通过迭代解卷积方法得到的结果与实际图像之间的差异是由真实的信号变化引起的还是由随机噪声引起的。在这种情况下，我们发现迭代解卷积方法变得不再有效。

⣿ 四、连续性的利用

因此，问题的核心就变成了如何克服高斯噪声的干扰，提取真实的信号。面对这一问题，我们开始思考信号和噪声本质上有什么不同。如下图所示，以一位女士的图像为例，因为左侧图像有大量的高斯噪声，故导致图像不清晰。我们运用了一种简单的方法，提高了图像的清晰度。具体来说，对图像中的每一个像素，我们计算其周围 3×3 邻域内 9 个像素的灰度值中位数，并将该中位数作为新的灰度值替代原像素值。我们可以观察到，经过处理后的图像变得清晰，显露出一位女士的照片。

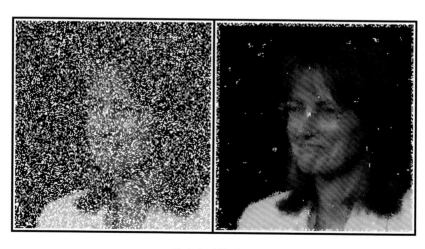

一位女士图像的处理

　　处理图像时，经常会用到这种方法，这种方法对于摄影爱好者而言，也是比较常见的。然而，深入探究其背后的原理，我们不禁思考，为什么这个方法能够有效地去除噪声，同时保留我们所需的信号呢？这一方法的核心假设在于，真实的信号（如人脸或头发）在空间上与其邻近像素的信号高度相似，呈现出连续性。与此相反，高斯噪声在空间上的分布是随机的、不相关的。信号的一个通用特征就是它在空间上是连续的。

　　此外，信号不仅在空间上连续，在时间上也是连续的。以股票为例，无论是哪个国家的市场，在工作时间内，股票的价格都在不断波动。然而，当我们试图预测某只股票在未来几个月的价格走势时，我们不能仅依赖它短期的波动而做出预测。相反，我们需要观察其在一段时间内的平均变化趋势。我们在一个固定的时间窗口内对股票价格进行平均，然后，随着时间窗口的滑动，可以得到股票的 K 线图。K 线图显示了股票价格在一段时间内平均值的滑动变化，通常呈现出相对稳定的上升或下降趋势。这种方法也基于一个假设：股票的价格（即我们关心的信息部分）在时间轴上应该是连续的。这就是我们所说的物体信号或者真实信号在时间和空间上的连续性，它是信号本身的一个内在特征。回顾历史，德国数学家莱布尼茨，曾与牛顿分别独立发明了微积分，在三个世纪前就提出了这样的观点，强调了大自然从来不跳跃，总是连续变化。这也是信号所固有的特性。

基于信号的稀疏性和连续性这两个先验知识，我们提出了一种名为稀疏解卷积的方法，并将其应用于显微镜图像重建的过程中。以核孔复合体为例，它的直径大约在 60 nm 至 100 nm，之前人们无法在活细胞中观察到这种结构。然而，通过将稀疏解卷积方法与海森结构光超分辨显微镜相结合，我们第一次在活细胞中捕捉到了这种孔状结构及它在核膜上不停运动的过程。

我们也可以将核孔复合体上的不同蛋白标记荧光，来观察它的动态变化并计算它的大小。我们发现所计算出的直径与之前研究人员在固定细胞上通过其他类型超分辨显微镜观察得到的结果相吻合。这一发现充分验证了稀疏解卷积方法的准确性。

通过结合稀疏解卷积方法与海森结构光超分辨显微镜，我们能够观察到一系列极其有趣的生物过程。例如，在 10 ms 内，一个胰岛素囊泡与细胞膜迅速融合，随后开启一个微小通道，释放出胰岛素。胰岛素囊泡与细胞膜的融合过程如二维码中的视频所示。

融合过程

这一突破性的成果得益于稀疏解卷积方法，同时结合了我们在 2018 年自主研发的海森结构光超分辨显微镜等硬件。这不仅使我们成功实现了在活细胞上最快拍照速度的重大进展，即每秒能够拍摄高达 500 帧图像，还同时保持了 60 nm 的超高分辨率。相比之下，传统视频的帧率通常大约仅 30 帧 / 秒，我们的成像速度相较传统视频帧率大幅提高。正是凭借高速成像，我们得以全面、细致地观察到胰岛素分泌的动态全过程。

　　稀疏解卷积作为一种数学计算方法，具有广泛的适用性，它可以以算法的形式与多种显微镜技术相结合，来提高图像的分辨率。以转盘式结构光显微镜为例，通过结合稀疏解卷积算法，我们成功观察到了一个即将分裂的细胞。这个细胞的厚度比较厚，达到了 7 μm，我们用荧光蛋白标记了该细胞线粒体外膜，并通过稀疏解卷积算法的处理，清晰地观察到细胞内部由浅到深的不同层次。如下图所示，在图像中，不同的颜色代表了细胞内部不同的深度。图（a）是超分辨显微镜直接拍摄得到的原始图像，而图（b）则是经过稀疏解卷积算法重建后的结果。通过对比，我们可以明显看出重建后的图像在细节和清晰度上都有了显著的提升。这一研究成果具有重要意义，因为它打破了传统超分辨成像技术的限制。过去，我们只能在死细胞中使用超分辨技术来观察类似的细节，而现在，借助稀疏解卷积方法，我们能够在活细胞中直接观察到这些细微的结构和功能变化。

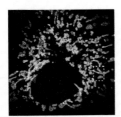 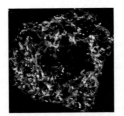

（a）3D 随机光学重建显微技术　　　（b）3D 稀疏转盘结构光成像

不同先进成像技术成像的真实对比

稀疏解卷积方法也可以与我们之前研发的微型化双光子显微镜相结合，为神经科学的研究提供相关依据。微型化双光子显微镜外形小巧，能够直接植入老鼠头的内部，使研究人员在不影响老鼠自然活动的情况下，实时监测其行为，并同时观察其大脑内部神经元的活动状态。当稀疏解卷积方法以算法形式应用于微型化双光子显微镜时，同样能够提高它成像的分辨率。通过比较不同算法下老鼠大脑神经元的图像，我们发现稀疏解卷积算法使研究人员能更清晰地观察到更多的神经元，同时还能观察到神经元之间的精细结构，包括树突和突触。此外，我们还能够更深入地了解当老鼠在学习和记忆过程中，其大脑内部突触大小、数量和分布的变化情况。

超分辨成像技术也可以深入观察患者大脑内部神经元在疾病发生过程中的微妙变化。以阿尔茨海默病患者的大脑神经元为例（如二维码中视频所示），其中左侧为稀疏解卷积后的数据，右侧为原始数据。我们将患者大脑样本进行透明化处理，随后使用绿色荧光蛋白（抗体）标记了大脑中的神经元。紧接着，借助光片显微镜，我们进行了观察，发现光片显微镜分辨率较低。结合稀疏解卷积算法重建后，我们能够观察到更多的细节。在实验中，我们不仅对神经元进行了标记，还使用红色荧光蛋白标记了阿尔茨海默病的重要致病因子——τ蛋白，如二维码中视频所示。通过超分辨成像技术，我们能够清晰地观察到τ蛋白在大脑空间中的分布，以及它们与神经元之间的关系，从而为我们理解阿尔茨海默病发生和发展的过程提供了重要的线索。

阿尔茨海默病数据

τ蛋白

本讲我们介绍了一种创新的超分辨成像方法——稀疏解卷积方法。该方法并非依赖于物理或化学手段来直接提高图像的分辨率，而是另辟蹊径，通过数学的计算和先验知识的引入，实现了图像的数学的超分辨重建。我们证明了，无论是结合我们自主研发的海森结构光超分辨显微镜，还是其他类型的荧光显微镜，稀疏解卷积方法均能在实际实验中显著提高图像的分辨率。该方法的核心在于两个基本原则：图像的稀疏性和连续性。这两个原则虽然基础且普遍，但它们的结合应用却产生了显著的效果，极大地提高了荧光显微镜的分辨率。这也正如古人所言："大道至简"。

回顾一下，本课程首先在第一讲中探讨了显微成像的意义；其次在第二讲中深入探讨了显微成像技术的发展历程；最后在第三讲中，我们在前人研究的基础上，探讨了如何进一步推动显微成像技术的发展，如何进行创新工作。

为了加深大家对内容的理解，希望大家做以下两个思考。第一个是思考稀疏性在文学艺术中的类比；第二个是思考连续性在日常生活中有哪些类似的过程。

希望通过本课程三讲内容的学习，大家能够对超分辨成像的重要性、超分辨成像技术的应用领域以及科研工作的基本过程有更深入的了解。

思考探索 ●●

1. 在你的中学学习中，显微镜可以应用在哪些地方？

2. 在现实生活中，你是如何串联各学科知识来解决某个真实问题的？

3. 科研中我们不只需要扎实的理论基础，还需要灵光一现，课程中介绍的超分辨成像技术可以让你联想到生活中怎样的场景或事物？

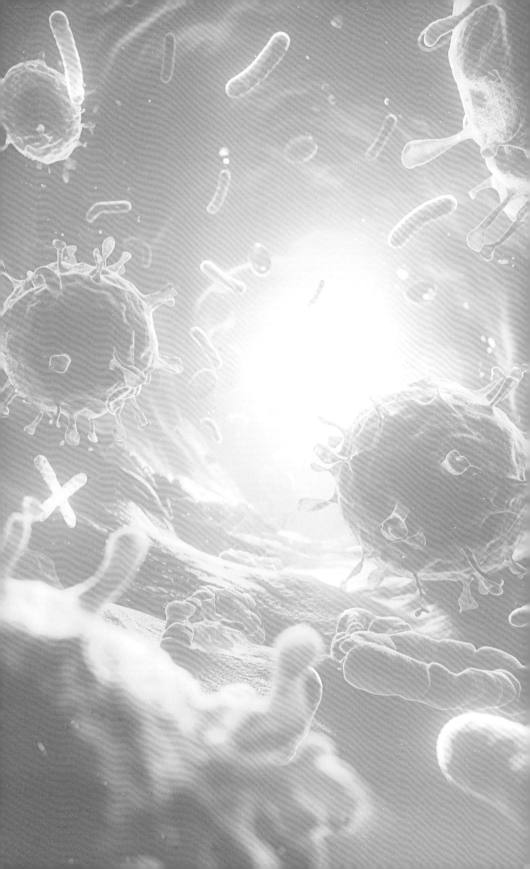

北大附中简介

　　北京大学附属中学（简称北大附中）创办于1960年，作为北京市示范高中，是北京大学四级火箭（小学－中学－大学－研究生院）培养体系的重要组成部分，同时也是北京大学基础教育研究实践和后备人才培养基地。建校之初，学校从北京大学各院系抽调青年教师组成附中教师队伍，一直以来秉承了北京大学爱国、进步、民主、科学的优良传统，大力培育勤奋、严谨、求实、创新的优良学风。

　　60多年的办学历史和经验凝炼了北大附中的培养目标：致力于培养具有家国情怀、国际视野和面向未来的新时代领军人才。他们健康自信、尊重自然，善于学习、勇于创新，既能在生活中关爱他人，又能热忱服务社会和国家发展。

　　北大附中在初中教育阶段坚持"五育并举、全面发展"的目标，在做好学段进阶的同时，以开拓创新的智慧和勇气打造出"重视基础，多元发展，全面提高素质"的办学特色。初中部致力于探索减负增效的教育教学模式，着眼于学校的高质量发展，在"双减"背景下深耕精品课堂，开设丰富多元的选修课、俱乐部及社团课程，创设学科实践、跨学科实践、综合实践活动等兼顾知识、能力、素养的学生实践学习课程体系，力争把学生培养成乐学、会学、善学的全面发展型人才。

北大附中在高中教育阶段创建学院制、书院制、选课制、走班制、导师制、学长制等多项教育教学组织和管理制度，开设丰富的综合实践和劳动教育课程，在推进艺术、技术、体育教育专业化的同时，不断探索跨学科科学教育的融合与创新。学校以"苦炼内功、提升品质、上好学年每一课"为主旨，坚持以学生为中心的自主学习模式，采取线上线下相结合的学习方式，不断开创国际化视野的国内高中教育新格局。

2023 年 4 月，在北京市科协和北京大学的大力支持下，北大附中科学技术协会成立，由三方共建的"科学教育研究基地"于同年落成。学校确立了"科学育人、全员参与、学科融合、协同发展"的科学教育指导思想，由学校科学教育中心统筹全校及集团各分校科学教育资源，构建初高贯通、大中协同的科学教育体系，建设"融、汇、贯、通"的科学教育课程群，着力打造一支多学科融合的专业化科学教师队伍，立足中学生的创新素养培育，创设有趣、有价值、全员参与的科学课程和科技活动。